乡村振兴
——科技助力系列

丛书主编：袁隆平　官春云　印遇龙
　　　　　邹学校　刘仲华　刘少军

淡水鱼
稻田生态种养新技术

主　编◎邹　利　李金龙　何志刚
参　编◎王冬武　谢仲桂　梁志强　邓时铭
　　　　刘明求　田　璐　田　兴

 U0251435

C͡S K 湖南科学技术出版社
·长沙·

图书在版编目（ＣＩＰ）数据

淡水鱼稻田生态种养新技术 / 邹利，李金龙，何志刚
主编． — 长沙 ： 湖南科学技术出版社，2024.3
（乡村振兴．科技助力系列）
ISBN 978-7-5710-2609-7

Ⅰ．①淡… Ⅱ．①邹… ②李… ③何… Ⅲ．①稻田养鱼
Ⅳ．①S964.2

中国国家版本馆 CIP 数据核字 (2024) 第 001424 号

DANSHUIYU DAOTIAN SHENGTAI ZHONGYANG XIN JISHU

淡水鱼稻田生态种养新技术

主　　编：邹　利　李金龙　何志刚
出 版 人：潘晓山
责任编辑：李　丹　任　妮
出版发行：湖南科学技术出版社
社　　址：长沙市芙蓉中路一段 416 号泊富国际金融中心
网　　址：http://www.hnstp.com
湖南科学技术出版社天猫旗舰店网址：
　　　　　http://hnkjcbs.tmall.com
邮购联系：0731-84375808
印　　刷：湖南宏图印务有限公司
　　　　（印装质量问题请直接与本厂联系）
厂　　址：长沙县黄花镇龙塘社区黄花工业园扬帆路 7 号
邮　　编：410137
版　　次：2024 年 3 月第 1 版
印　　次：2024 年 3 月第 1 次印刷
开　　本：787mm×1092mm　1/16
印　　张：8.75
字　　数：145 千字
书　　号：ISBN 978-7-5710-2609-7
定　　价：21.00 元

前　言

　　稻田养殖的鲤鱼，又称禾花鱼、稻花鱼、田鱼，因采食落水的禾花，鱼肉具有禾花香味而得名。禾花鱼具有刺少肉多、肉质细嫩、骨软无腥味、蛋白质含量高等特点，且禾花鱼生长快、食性杂、繁殖力强、抗病力强，养殖模式灵活。

　　稻鱼种养模式是我国山丘梯田地带开展稻渔综合种养的主要应用模式，在全国大多数省份均有分布。稻鱼种养是我国稻渔综合种养第二大模式，主要是稻鱼共作模式，养殖对象主要是鲤鲫鱼及其地方品系。2021年，全国稻鱼种养面积超过1 500万亩，占全国稻渔综合种养面积的37.84%。稻鱼种养主要集中于南方丘陵山区，四川省、贵州省、湖南省3个省面积约占全国稻鱼种养面积的70%，广西壮族自治区、云南省2个省（区）面积约占12%，福建省、浙江省、江西省、重庆市4个省（市）面积约占5%。

　　但目前稻田养鱼养殖规模偏小，分散养殖为主，且不够规范。销售还停留在卖鲜鱼、卖餐饮的较低层次，加工、深加工产品的品牌产品少。亟需通过技术创新、生产方式的变革与产业化的发展，在经济不太发达的地区，走出了一条"养鱼、稳粮、提质、增效、生态"的现代农业新路，推进实现乡村振兴。

　　为了推动稻田养鱼的发展，满足广大养殖者的要求，笔者结合养殖生产实践，广泛收集了有关稻田养殖淡水鱼的技术资料编著成书。本书以稻田生态养殖禾花鱼技术为主线，系统介绍了我国稻田综合种养的发展历史与现状、稻鱼适宜种养的品种、稻田养鱼水稻栽培技术、稻田鱼类养殖技术、稻田养鱼病害防控技术等，同时将不同地区稻鱼养殖模式及经济效益通过实例予以说明。内容科学系统，语言通俗易懂，技术指导性和实用性强，既可作为养殖专业户和广大农民在生产上的技术指导用书，也可作为基层养殖技术人员的自学用书。

　　本书在编写过程中得到了许多同仁的关心和支持,在书中引用了一些专家、学者的研究成果和相关书刊资料,在此一并表示诚挚的感谢。由于时间仓促,加之编者自身水平有限,难免有疏漏和不妥之处,恳请广大读者批评指正。

目　　录

第一章　稻田养鱼发展概况

第一节　全国稻田养鱼发展概况

中国有着悠久的稻田养鱼历史，稻渔综合种养是在传统的稻田养鱼模式基础上逐步发展起来的生态循环农业模式，是农业绿色发展的有效途径。近年来为适应产业转型升级需要，经过不断技术创新、品种优化和模式探索，我国的稻渔综合种养产业走出了一条产业高效、产品安全、资源节约、环境友好的发展之路，形成了一个经济、生态和社会效益共赢的产业链，在全国上下形成了新一轮发展热潮，是经济上划算、生态上对路、政治上得民心，值得大力推广的农业技术模式。

一、历史沿革

中国的稻田养鱼历史悠久，是最早开展稻田养鱼的国家。汉代时，在陕西和四川等地已普遍流行稻田养鱼，至今已有 2 000 多年历史；唐昭宗年间（889—904 年），稻田养鱼的方式及其作用就有了明确的记载。然而，直至新中国成立前，我国稻田养鱼基本上处于自然发展状态。由于多年战乱，稻田养鱼的规模发展受到了制约。

（一）自然发展阶段

稻田养鱼是中国可持续农业的优秀典范和可资借鉴学习的样板，譬如浙江青田稻鱼系统、贵州从江侗乡稻鱼系统，以及湖南湘西梯田稻鱼系统等，均具有深厚的历史渊源。但在中国五千年的农耕文明中，稻田养鱼在中国稻作区（特别是南方稻作区）十分普遍，很难说是一个地区向另一个地区传衍、一个地区向另一个地区刻意学习的结果。在漫长的古代社会里，远距离的鱼苗搬运是一件很难实施的事情。所以，虽然不排除随着战争戍边屯兵、战乱避难、流放贬谪而发生的农业技术引入的过程，但更多可能是发源于当地、发展于当地，是结合本地的自然条件、历史沿革和风土人情而逐渐形成的地方稻田养鱼特色。仅史料记载，就有陕西汉中、四川盆地、云贵坝地、两广山地、湘赣山丘，以及在浙闽交界，几乎在长江以南的广大稻作区，都有相关的史料记载或者流传着与稻鱼共生始源有关的各种传说。稻鱼共生的实践存在于各种背景下的稻作系统中，以远离沿海和江河湖泊、缺少足够水面的丘陵山区最为常见，成为补充山区人民日常动物蛋白质的最常见途径。各地的"田鱼"类型形态上也多种多样，如瓯江彩鲤、金背鲤、禾花鲤、湘西呆鲤等，具有明显可辨的差异。20 世纪中叶之前的我国稻鱼共生基本上是农民的自发行为，技术简单，产量低下，稻田鱼产量长期维持在 75～150 千克/公顷，属于可持续的低投入低产出技术体系。

（二）恢复发展阶段

新中国成立后，在党和政府的重视下，我国传统的稻田养鱼迅速得到恢复和发展。1953 年第三届全国水产会议号召试行稻田兼作鱼；1954 年第四届全国水产工作会议上，时任中共中央农村部部长邓子恢指出："稻田养鱼有利，要发展稻田养鱼"，正式提出了"鼓励渔农发展和提高稻田养鱼"的号召，全国各地稻田养鱼有了迅猛发展，1959 年全国稻田养鱼面积突破 1 000 万亩①；此后 20 年，由于政治原因及家鱼人工繁殖技术未推广，鱼苗供应受限，加之农药的大量使用，使稻鱼共生发生了矛盾，导致一度兴旺的稻田养鱼急骤中落。20 世纪 70 年代末，政府逐步重视发展水产事业，以及联产承包制的出现和普遍施行，加之稻种的改良和低毒农药的出现，为产业的复兴注入了发展动力，稻田养鱼又进入了新的发展阶段。

（三）技术体系建立阶段

1981 年中科院水生生物研究所副所长倪达书研究员提出了稻鱼共生理论并向中央致信建议推广稻田养鱼，得到了当时国家水产总局的重视；从 1983 年在四川郫县召开的第一次全国稻田养鱼工作会议，到 1990 年在重庆大足召开的第二次全国稻田养鱼工作会议，1994 年在辽宁盘锦召开的第三次全国稻田养鱼（蟹）工作会议，1996 年在江苏徐州召开的第四次全国稻田养鱼工作会议，以及 2000 年 8 月召开的全国稻田养鱼现场经验交流会；从全国水产技术推广总站先后组织的多期稻田养鱼技术培训

---

① 　1 亩≈667 平方米，下同。

班，到水产总站和影视部门及电台、科教电影厂合作制作的各种宣传产品，都偏向于使用"稻田养鱼"这一术语，表达的是在"稻田"这样一个生态系统中开展养鱼生产的技术，是一项拓展水产空间、增加水产品的新技术，是一项实现浅水养殖的水产新技术。1983 年原农牧渔业部在四川召开了全国第一次稻田养鱼经验交流现场会，鼓舞和推动了全国稻田养鱼迅速恢复和进一步发展，稻田养鱼在全国得到了普遍推广；1984年原国家经济委员会把稻田养鱼列入新技术开发项目，在北京、河北、湖北、湖南、广东、广西、陕西、四川、重庆、贵州、云南等 18 个省（直辖市、自治区）广泛推广；1986 年全国稻田养鱼面积达 1 038 万亩，产鱼 9.8 万吨，1987 年达 1 194 万亩，产鱼 10.6 万吨；1990 年原农业部在重庆召开了全国第二次稻田养鱼经验交流会，总结经验问题，提出指导思想和发展目标，并先后制定了全国稻田养鱼"八五""九五"规划。

（四）快速发展阶段

1994 年原农业部召开了第三次全国稻田养鱼（蟹）现场经验交流会，常务副部长吴亦侠出席了会议并作重要讲话，指出"发展稻田养鱼不仅仅是一项新的生产技术措施，而且是在农村中一项具有综合效益的系统工程，既是抓'米袋子'，又是抓'菜篮子'，也是抓群众的'钱夹子'，是一项一举多得、利国利民、振兴农村经济的重大举措，是一件具有长远战略意义的事情"。同年 12 月，经国务院同意，原农业部向全国农业、水产、水利部门印发了《关于加快发展稻田养鱼，促进粮食稳定增产和农民增收的意见》的通知。随后的 1996 年 4 月、2000 年 8 月原农业部又召开了两次全国稻田养鱼现场经验交流会。2000 年，我国稻田养鱼发展到 2 000 多万亩，成为世界上最大的稻田养鱼国家。稻田养鱼作为农业稳粮、农民脱贫致富的重要措施，得到了各级政府的重视和支持，有效地促进了稻田养鱼的发展。

（五）转型升级阶段

进入新世纪，为克服传统的稻田养鱼模式品种单一、经营分散、规模较小、效益较低等问题，以适应新时期农业农村发展的要求，"稻田养鱼"推进到了"稻渔综合种养"的新阶段。稻渔综合种养指的是通过对稻田实施工程化改造，构建稻渔共作轮作系统，通过规模开发、产业经营、标准生产、品牌运作，能实现水稻稳产、水产品新增、经济效益提高、农药化肥施用量显著减少，是一种生态循环农业发展模式。"以渔促稻、稳粮增效、质量安全、生态环保"是这一新阶段的突出特征。2000

年至 2010 年，在全国水产技术推广总站的强力推进下，稻田养鱼在中国有了很大的规模拓展与技术完善，表述已经从"稻田养鱼"转变为"稻田综合种养"，表达了对整个"以稻为本、稳粮第一、稻鱼双赢"的稻作系统概念的深化理解，以及协调稻作系统诸因素、服务系统诸目的的思路。2010 年全国水产技术推广总站开始在全国进行新一轮的稻田综合种养技术推广示范。自此，全国稻田综合种养产业在全国水产技术推广总站的大力推进下进入新的发展阶段。2011 年 9 月全国稻田综合种养技术现场交流活动在辽宁盘锦召开后，"稻田综合种养"一词成为引导性主流，但该会议的主旨报告仍为"新一轮稻田养鱼的趋势特征及发展建议"。

党的十七大以后，随着我国农村土地流转政策不断明确，农业产业化步伐加快，稻田规模经营成为可能。各地纷纷结合实际，探索了稻-鱼、稻-鱼-鳝、稻-鱼-虾、稻-鱼-蛙、稻-鳅等新模式和新技术，并涌现出一大批以特种经济品种为主导，以标准化生产、规模化开发、产业化经营为特征的千亩甚至万亩连片的稻田综合种养典型，取得了显著的经济、社会、生态效益，得到了各地政府的高度重视和农民的积极响应。从 20 世纪末到 2010 年，随着效益农业的兴起，稻田养鱼由于效益较高被大力推广，为广大稻区农民的增收作出了重要的贡献。但同时由于大面积开挖鱼坑鱼沟曾引起了对水稻可持续发展的担忧，自 2004 年开始稻田养鱼面积出现下降，一度从 2 445 万亩下降到 2011 年的 1 812 万亩。该时期尽管养殖面积下降，但由于养殖技术的进步，养殖产量仍稳定在 110万吨以上。养殖单位面积产量从 2001 年的 37.04 千克/亩提高到 2011 年的 66.22 千克/亩。

（六）新一轮高效发展阶段

2011 年是近 20 年稻渔综合种养面积的最低点，此后养殖面积止跌回升。2011 年，农业部渔业局将发展稻田综合种养列入了《全国渔业发展第十二个五年规划（2011—2015 年）》，作为渔业拓展的重点领域。2012年起，农业部科技教育司连续两年，每年安排 200 万元专项经费用于"稻田综合种养技术集成与示范推广"专项，2012 年投入 1 458 万元启动了农业公益性行业科研专项——"稻-渔"耦合养殖技术研究与示范。2013 年和 2016 年，全国水产技术推广总站、上海海洋大学、湖北省水产技术推广总站等单位承担的稻渔综合种养项目共获得农牧渔业丰收奖农业技术推广成果一等奖 3 次；2016 年，全国水产技术推广总站、上海海洋大学发起成立了中国稻渔综合种养产业技术创新战略联盟，成功打造了"政、产、学、研、推、用"六位一体的稻渔综合种养产业体系；2016—2018 年连续 3 年中央一号文件和相关规划均明确表示支持发展稻田综合种养。2017 年 5 月农业部部署国家级稻渔综合种养示范区创建工作，首批 33 个基地获批国家级稻渔综合种养示范区；2019 年，经国务院同意，农业农村部等十部委联合印发《关于加快推进水产养殖业绿色发展的若干意见》，明确提出"大力推广稻渔综合种养，提高稻田综合效益，实现稳粮促渔、提质增效"。2020 年 6 月 9 日，习近平总书记考察宁夏银川贺兰县稻渔空间乡村生态观光园，了解稻渔种养业融合发展的创新做法，指出要注意解决好稻水矛盾，采用节水技术，积极发展节水型、高附加值的种养业。同年 9 月，农业农村部在四川省隆昌市召开全国稻渔综合种养发展提升现场会，提出要深入贯彻落实习近平总书记重要指示精神，处理好"稻"和"渔"、"粮"和"钱"、"土"和"水"、"一产"和"三产"、产业发展和科技支撑、积极推动和农民意愿等方面的关系，推进稻渔综合种养产业规范高质量发展。各地政府因地制宜，将稻渔综合种养作为稳定水稻种植面积、促进渔业提质增效、发展特色县域经济的重要产业，出台了大量扶持政策。在党和国家各级政府正确领导下，我国稻渔综合种养发展已步入大有可为的战略机遇期。

自 1982 年有相关统计数据以来，我国稻田养殖出现过两次明显波动，第一次出现在 1987 年至 1993 年，前后约 7 年的低潮期，第二次出现在 2004 年之后，至 2011 年到达谷底。2012 年以后，重启升势，进入新一波成长期。1982 年至 2015 年间，我国稻渔综合种养面积和水产品产量最高纪录分别出现在 2004 年、2015 年，为 2 445.45 万亩和 155.82 万吨。"十三五"期间，受政府大力推动、技术不断进步和市场需求旺盛等多重因素驱动，稻渔综合种养产业快速发展，生产规模和水产品产量逐年扩大，此后稻渔综合种养面积和水产品产量逐年攀升，2016 年水产品产量达 163.23 万吨、种养面积达 2 274.14 万亩，均创历史新高（图 1-1）。

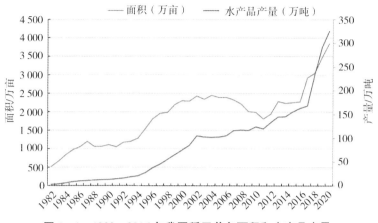

图 1 - 1 　 1982—2016 年我国稻田养鱼面积和水产品产量

二、产业现状

(一) 规模布局

1. 稻渔综合种养面积

据《2022 中国渔业统计年鉴》数据，2021 年我国有稻渔综合种养的省份（自治区、直辖市）共 26 个，稻渔综合种养总面积 3 966 万亩，其中湖北省 759 万亩、安徽省 594 万亩、湖南省 507 万亩，上述 3 省稻渔综合种养总面积占全国稻渔综合种养总面积的 46.9%。另外，四川、江苏、贵州、江西、辽宁、河南、黑龙江等省稻渔综合种养面积均超过 100 万亩。"十三五"期间稻渔综合种养前十省份的面积见表 1-1。

表 1 - 1 　 "十三五"期间稻渔综合种养前十省份面积

单位：公顷

排名	2016 年		2017 年		2018 年		2019 年		2020 年	
	地区	面积	地区	面积	地区	面积	地区	面积	地区	面积
	全国	1 516 093	全国	1 682 689	全国	2 028 262	全国	2 317 488	全国	2 562 686
1	四川省	308 529	湖北省	334 890	湖北省	393 171	湖北省	459 850	湖北省	490 266
2	湖北省	253 863	四川省	309 643	四川省	312 230	湖南省	313 011	安徽省	339 103
3	湖南省	181 934	湖南省	221 524	湖南省	300 148	四川省	312 765	湖南省	331 434
4	贵州省	125 550	江苏省	131 802	江苏省	241 058	安徽省	271 892	四川省	318 106
5	云南省	112 544	贵州省	121 055	安徽省	150 636	江苏省	192 120	江苏省	226 842

续表

排名	2016年		2017年		2018年		2019年		2020年	
	地区	面积	地区	面积	地区	面积	地区	面积	地区	面积
	全国	1 516 093	全国	1 682 689	全国	2 028 262	全国	2 317 488	全国	2 562 686
6	江苏省	110 758	云南省	112 349	贵州省	119 624	贵州省	179 312	贵州省	186 814
7	浙江省	77 123	安徽省	84 769	云南省	111 947	江西省	101 122	江西省	135 279
8	安徽省	64 661	浙江省	73 134	江西省	66 996	云南省	97 379	云南省	80 428
9	江西省	63 586	辽宁省	51 773	辽宁省	51 509	黑龙江省	59 189	河南省	75 812
10	辽宁省	60 588	江西省	50 397	浙江省	46 434	辽宁省	59 056	黑龙江省	73 480

2. 稻渔综合种养水产品产量

2021年全国稻渔综合种养水产品产量355.69万吨，其中湖北省92.92万吨、安徽省55.63万吨、湖南省49.64万吨，上述3省水产品总产量占全国稻渔综合种养水产品总产量的55.7%。另外，四川、江苏、江西、浙江等4省稻渔综合种养水产品产量均超过10万吨。"十三五"期间稻渔综合种养水产品产量前十的省见表1-2。

表1-2　"十三五"期间稻渔综合种养水产品产量前十的省

单位：吨

排名	2016年		2017年		2018年		2019年		2020年	
	地区	产量	地区	产量	地区	产量	地区	产量	地区	产量
	全国	1 632 263	全国	1 947 507	全国	2 333 269	全国	2 913 330	全国	3 249 109
1	四川省	350 853	湖北省	516 984	湖北省	690 722	湖北省	820 115	湖北省	864 799
2	浙江省	343 931	四川省	377 784	四川省	383 431	四川省	401 035	湖南省	456 812
3	湖北省	289 592	浙江省	286 614	湖南省	298 049	湖南省	391 457	安徽省	439 960
4	江苏省	189 658	湖南省	190 218	江西省	249 994	安徽省	366 973	四川省	431 479
5	安徽省	100 273	江苏省	188 631	安徽省	218 811	江苏省	319 309	江苏省	342 822
6	湖南省	98 209	安徽省	102 347	浙江省	134 876	浙江省	151 674	江西省	207 774
7	江西省	68 402	江西省	81 565	江西省	97 950	江西省	147 566	浙江省	161 508
8	辽宁省	53 129	云南省	48 068	云南省	64 543	贵州省	63 960	贵州省	72 606
9	云南省	42 739	辽宁省	47 101	辽宁省	52 109	云南省	55 090	辽宁省	55 737
10	贵州省	37 494	贵州省	41 626	贵州省	45 581	辽宁省	54 346	云南省	53 939

2021年全国稻渔综合种养水产品单位产量89.68千克/亩，其中浙

江、湖北、江西、江苏等 4 省稻渔综合种养水产品单位产量超过 100 千克/亩。"十三五"期间稻渔综合种养单产前十省份产量见表 1-3。

表 1-3　"十三五"期间稻渔综合种养单产前十省份产量

单位：千克/亩

排名	2016 年		2017 年		2018 年		2019 年		2020 年	
	地区	单产	地区	单产	地区	单产	地区	单产	地区	单产
	全国	71.77	全国	77.16	全国	76.69	全国	83.81	全国	84.52
1	浙江省	297.30	浙江省	261.27	浙江省	193.65	浙江省	194.52	浙江省	190.17
2	江苏省	114.16	江苏省	107.90	江苏省	117.12	湖北省	118.90	湖北省	117.59
3	安徽省	103.38	安徽省	102.92	安徽省	97.47	江苏省	110.80	江西省	102.39
4	湖北省	76.05	湖北省	95.41	湖北省	96.84	江西省	97.29	江苏省	100.75
5	江西省	75.81	四川省	81.34	四川省	81.87	湖南省	83.37	湖南省	91.89
6	四川省	71.72	江西省	80.49	江西省	69.14	安徽省	89.98	四川省	90.43
7	辽宁省	58.46	辽宁省	60.65	辽宁省	67.44	四川省	85.48	安徽省	86.49
8	湖南省	35.99	湖南省	57.25	湖南省	66.20	辽宁省	61.34	辽宁省	55.71
9	云南省	25.32	云南省	28.52	云南省	38.44	云南省	37.72	云南省	44.71
10	贵州省	19.91	贵州省	22.92	贵州省	25.40	贵州省	23.78	贵州省	25.91

（二）产区特点

按品种和模式分，"十二五"末，生产规模排前三的依次为稻鱼种养、稻虾种养和稻蟹种养。至"十三五"末，稻虾种养一跃成为第 1，种养面积和水产品产量分别为 1 892 万亩、206.23 万吨，分别占全国稻渔综合种养面积和水产品产量的 49.22%、63.38%。稻鱼种养退居第 2，种养面积 1 500 万亩、水产品产量 80 万吨，分别占全国稻渔综合种养面积和水产品产量的 39.02%、24.59%。稻虾和稻鱼种养面积占比之和为 88.24%，水产品产量占比之和为 87.97%。稻蟹种养仍位居第 3，种养面积 190 万亩、水产品产量 6.32 万吨，分别占全国稻渔综合种养面积和水产品产量的 4.94%、1.94%。稻鳅、稻鳖、稻蛙、稻螺等其他种养模式总面积和水产品总产量分别为 262 万亩、32.84 万吨（图 1-2、图 1-3）。

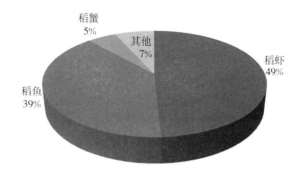

图 1－2 "十三五"末全国稻渔综合种养各模式面积占比

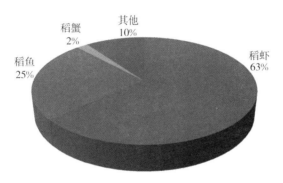

图 1－3 "十三五"末全国稻渔综合种养各模式产量占比

1. 产区进一步集中

"十三五"末，我国有 26 个省（自治区、直辖市）进行稻渔综合种养统计，北京市、海南省、甘肃省、青海省、西藏自治区五地未见报告。5 年来，稻渔综合种养的产区进一步集中。湖北省、湖南省、安徽省、江西省、江苏省等长江中下游五省稻渔综合种养面积和水产品产量占全国稻渔综合种养总面积和水产品总产量的比重由"十二五"末的 40.02%、44.09%，提升到"十三五"末的 59.43%、71.16%（图 1－4）。其主要原因是小龙虾旺盛的市场需求带动了稻虾种养的快速发展。

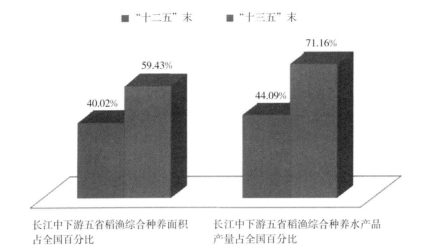

图 1 - 4　"十三五"末相比"十二五"末长江中下游稻渔综合种养占比情况

　　2. 部分非传统种养地区发展迅速

　　除长江中下游五省外，"十三五"期间，四川省、贵州省、云南省、辽宁省等传统稻渔综合种养省继续保持较大规模且相对稳定，河南省、黑龙江省等地稻渔综合种养面积迅速扩大。四川省、贵州省、云南省等地面积变化不大的主要原因是西南地区稻鱼种养历史悠久，具有相对稳定的产业基础和市场需求；辽宁省面积变化不大的主要原因是该地区稻蟹种养发展较早，推广已较为充分；河南省、黑龙江省等地发展较快的主要原因是该地区稻渔综合种养起步较晚，且河南省南部发展稻虾种养、黑龙江省发展稻蟹和稻鱼种养等具有丰富的可利用稻田资源和水资源。

　　(三) 产业效益

　　1. 经济效益

　　据统计，全国单一种植水稻的平均每亩纯收益不足 200 元，稻渔综合种养的经济效益明显提升。据全国水产技术推广总站对 2017 年全国稻渔综合种养测产和产值分析表明，稻渔综合种养比单种水稻每亩平均效益增加 90.0%，每亩平均增加产值 524.76 元，采用新模式的每亩平均增加产值在 1 000 元，带动农民增收 300 亿元以上。

　　2. 生态效益

　　根据全国水产技术推广总站示范点测产验收结果，19 个测产点中，最少的点减少化肥用量 21.0%，最高的减少用量 80.0%；农药用量最低减少 30.0%，最高减少 50.7%。根据上海海洋大学、浙江大学等技术依托单位研究结果，稻渔综合种养平均可减少 50.0% 的化肥使用量。研究表明稻田中鱼、虾等能大量摄食稻田中的蚊子幼虫和钉螺等，可有效减少疟疾和血吸虫病等重大传染病的发生，稻田中蟹类活动和摄食可有效减少杂草的滋生，可有效节省人力并减少农药的使用。同时，采用稻渔综合种养模式的稻田其温室气体排放也大大减少，甲烷排放降低 7.3%~27.2%，二氧化碳降低了 5.9%~12.5%。

3. 社会效益

稻渔综合种养具有稳定粮食生产的作用。根据水稻边际效应原理和测产结果分析，在沟坑占比低于 10% 的条件下，稻渔综合种养不仅不影响水稻生产，而且可以解决稻田撂荒闲置和"非粮化""非农化"等突出的农村问题，大大调动了农民种稻积极性，促进粮食稳产。稻渔综合种养是一些地区产业精准扶贫的有效手段。2017 年农业农村部扶贫工作开展了稻渔综合种养推进行动，在湖南湘西、内蒙古兴安盟、黑龙江泰来、贵州铜仁和遵义、陕西延安等地贫困地区，开展稻渔综合种养技术指导与培训，指导稻田资源丰富的贫困地区因地制宜发展稻渔综合种养。

综上所述，发展稻渔综合种养既是促进乡村振兴、富裕渔民的有效手段（能够有效保障粮食安全、食品安全，还能促进农民增收、推进产业融合，并有利于农村防洪蓄水、抗旱保收，体现了渔业的多功能性），也是美丽乡村建设的重要支撑（提高了稻田能量和物质利用效率，减少了农业面源污染、废水废物排放和病虫草害发生，显著改善农村的生态环境，促进农耕文化与渔文化的融合），还是渔业转方式、调结构的重点方向（作为生态循环养殖模式，符合生态环境约束政策对渔业发展的严苛要求，也是发展休闲渔业的潜在资源）。

三、技术模式

（一）技术要点

稻渔综合种养实施过程中，主要涉及的技术有 9 个方面：配套水稻栽培技术、配套水产品养殖技术、配套种养茬口衔接技术、配套施肥技术、配套病虫草害防控技术、配套水质调控技术、配套田间工程技术、配套捕捞技术、配套质量控制技术。

1. 配套水稻栽培技术

宜选择茎秆粗壮、抗倒伏、叶片直立、株型紧凑、生长期长、分蘖力强、耐深水、耐肥抗倒、抗病虫、耐淹、丰产性能好、适宜当地种植的水稻品种。水稻栽培应发挥边际效应，通过边际密植，最大限度保证单位面积水稻种植穴数。根据不同综合种养模式，采用"大垄双行，沟边密植"水稻插秧技术、"分箱式"水稻插秧技术、"双行靠、边行密"插秧技术、"合理密植、环沟加密"水稻栽培技术、"二控一防"水稻栽培技术、稻田免耕抛秧技术。

2. 配套水产品养殖技术

应选择经济价值高、产业化发展前景好的品种，并且能适应稻田的浅水环境、较大温度变化、低溶氧、生长周期短、生长速度快、中下层栖息性、草食性或杂食性的水产品种。根据不同养殖品种，做好放苗前准备、苗种选择、苗种消毒、苗种投放、饲喂管理、水质调控、病害防治、日常管理等工作。

3. 配套种养茬口衔接技术

根据养殖品种生长特点，综合考虑有害生物、有益生物及其环境等多种因子，对稻-蟹共作，稻-虾连作、共作，稻-鳖共作、轮作，稻-鳅共作，稻-鱼共作等主要模式的水稻种植和水产养殖茬口衔接采用对应技术，合理安排翻耕、插秧、投苗、蓄水、收获等工作节点。

4. 配套施肥技术

按"基肥为主，追肥为辅"的原则，一是测土配方一次性施肥，对土壤取样、测试化验，根据土壤的实际肥力和种植作物的需求，计算最佳的施肥比例及施肥量；二是基追结合、分段施肥，将施肥分为基肥和追肥两个阶段，以基肥为主、以追肥为辅，追肥少量多次。

5. 配套病虫草害防控技术

稻田中病虫草害有多种，如害虫有稻象甲、卷叶螟、二化螟、稻飞虱等；稻杂草有稗草、慈姑、眼子菜、水马齿、莎草科杂草等；其他如鸟、鼠、蛇害等，这些都直接影响养殖产品的产量和收益。宜通过生态防控，降低农药使用量，通过建立天敌群落等生态方式防虫，合理使用防鸟网、诱虫灯、防虫网等设备防鸟、防虫，通过标准化田间工程进行控草。

6. 配套水质调控技术

稻田水质常见的有低溶解氧、硫化物超标、氨氮和亚硝酸盐超标以及蓝藻水华等问题。一般应急调控采用注水、栅栏、筛网、沉淀、气浮、过滤等物理方法调控和混凝、沉淀、氧化还原和络合等化学方法调控。但多通过水位调节、底质改良、水色调节和种植水草、调整放养密度等方式，确保水质"肥活嫩爽"。

7. 配套田间工程技术

根据不同综合种养模式，要对传统稻田进行工程化改造，改造过程中，不能破坏稻田的耕作层，开沟不得超过总面积的10%。通过合理优化田沟、鱼溜的大小、深度，利用宽窄行、边际加密的插秧技术，保证水稻产量不减，同时工程设计上，应充分考虑机械化操作的要求。

8. 配套捕捞技术

由于养殖品种不同，且稻田水较浅，环境也较池塘复杂，捕捞时在借鉴池塘捕捞方法的基础上，还要综合考虑茬口衔接状况，应充分利用鱼沟、鱼溜，根据养殖生物习性，采用网拉、排水干田、地笼诱捕，配合光照、堆草、流水迫聚等辅助手段，提高水产品起捕率、成活率。

9. 配套质量控制技术

通过无公害产地和产品认证，绿色、有机产品生产，品牌化产品生产，落实相关要求。把握稻田环境、水稻种植、水产养殖、捕捞、加工、仓储、流通等关键环节，以物联网、云计算等新技术为支撑，传感网络、可视化监控网络、无线射频识别电子标签等手段，建立稻渔综合种养产业链全时空监控和质量安全动态追溯系统。

（二）主要种养模式

主要种养模式发展各有差异。由于各地稻田资源、水资源、稻作模式不同，水产养殖产业基础和水产养殖品种生态适应性不同，随着稻渔综合种养产业的发展壮大，我国逐渐形成了稻虾、稻鱼、稻蟹等三大种养主产区，以及稻鳅、稻鳖、稻蛙、稻螺等小品种种养点状式分布的发展格局。稻渔综合种养技术模式在各地区因地制宜，进一步本地化，区域特色明显。按品种分，稻渔综合种养主要模式类型见表1-4。

表1-4　稻渔综合种养主要模式类型（按品种分）

序号	稻渔综合种养主要模式	主养品种
1	稻虾种养	克氏原螯虾、红螯螯虾、日本沼虾、罗氏沼虾、中华小长臂虾等

续表

序号	稻渔综合种养主要模式	主养品种
2	稻鱼种养	鲤鱼（瓯江彩鲤、禾花鲤、湘西呆鲤等）、鲫鱼、草鱼、黄鳝、沙塘鳢、鲶鱼、罗非鱼、丁桂鱼等
3	稻蟹种养	中华绒螯蟹（以辽河水系和长江水系河蟹种群为主）
4	稻鳅种养	泥鳅、大鳞副泥鳅（台湾泥鳅）等
5	稻鳖、龟种养	中华鳖、中华草龟
6	稻蛙种养	虎纹蛙、黑斑蛙、牛蛙
7	稻螺种养	中华圆田螺等

稻鱼种养主产区：稻鱼种养在我国广泛分布，但主要分布于南方丘陵山区，包括西南地区的四川省、贵州省、云南省大部分地区，华中地区的湖南西部和南部，华南地区的广西壮族自治区，华东地区的浙西南、闽西北。已形成典型的"浙江丽水丘陵山区稻鱼共作模式""江西万载平原地区稻鱼共作模式""云南元阳哈尼梯田稻鱼鸭综合种养模式"等。进入 21 世纪以来，经过现代水稻种植、水产养殖技术的改进和融合，以及田间工程等配套技术的支撑，稻田养鱼发展为稻鱼种养。上述地区继续保持了绝对领先优势。其中，四川省、贵州省、湖南省、云南省、广西壮族自治区等 5 省（区）稻鱼种养面积约 1 250 万亩、产量约 70 万吨，分别占全国稻鱼种养面积和产量的 84% 和 88%。

（三）技术标准

为规范稻渔综合种养技术模式，推进稻渔综合种养产业健康发展，在农业农村部渔业渔政管理局指导下，全国水产技术推广总站联合相关省份水产技术推广单位和科研院所，2017 年 9 月 30 日制定发布了我国首个稻渔综合种养方面的行业标准 SC/T 1135.1—2017《稻渔综合种养技术规范》，并于 2018 年 1 月 1 日正式实施。其第 1 部分：通则规范了稻渔综合种养方面相关术语定义、技术指标、技术要求、技术评价等内容，适用于稻渔综合种养的技术规范制度、技术性能评估和综合效益评价；"通则"要求：平原地区水稻产量不低于 500 千克/亩，丘陵山区水稻单产不低于当地水稻单作平均单产；沟坑占比不超过 10%；与同等条件下水稻单作对比，单位面积纯收入平均提高 50%，化肥施用量平均减少 30%，农药施用量平均减少 30％；不使用抗菌类和杀虫类渔用药物。

2021—2022 年，农业农村部又发布了 SC/T 1 135.2—2021《稻渔综合种养技术规范》第 2 部分：稻鲤（梯田型）和 SC/T 1135.7—2022《稻渔综合种养技术规范》第 7 部分：稻鲤（山丘型）等针对梯田和山丘地区规模较大、技术模式相对成熟的稻鲤综合种养的行业技术标准。这些标准涵盖了水稻种植（机插栽培、病虫草害防控等）、水产养殖、田间工程、质量安全控制等关键环节，为广大稻渔从业人员提供了成熟、适用性强的技术参考和指导。一些涉农企业，尤其是龙头企业也制定了一批相关企业标准，并通过与农户等建立紧密利益联结，发挥联农带农作用，有力促进了稻渔种养标准化生产。

第二节　湖南省稻渔综合种养发展概况

湖南省俗称"鱼米之乡"，全省耕地面积 379 万公顷，其中水田 290 万公顷，占 78.8％，拥有宜渔稻田 86.7 万公顷，约占水田面积的 30％，仅次于四川，位居全国第 2。截至 2022 年 12 月，全省稻渔综合种养面积 35.6 万公顷，稻渔水产品产量 53.38 万吨，面积、产量分别居全国第 3 位。

近五年来，湖南省委省政府高度重视稻渔综合种养，将其作为农业结构调整、产业扶贫、农民致富、农业面源污染治理的重要抓手。2018 年湖南省启动"稻渔综合种养示范县"创建工作。2019 年 6 月，湖南省委省政府召开"全省农业产业兴旺暨千亿产业发展现场推进会"，将稻渔综合种养列入打造特色农业产业、助推水产千亿产业的重要内容，对促进农业调结构、转方式和可持续发展具有重要意义。

一、稻田养鱼的发展沿革

湖南省稻田养鱼历史悠久，湘西、湘南是我国稻田养鱼的发源地之一。地处湘南的临武县、宜章县一带，稻田养鱼历史可追溯到两千多年前的汉朝。那时大都以鲤鱼为养殖对象。新中国成立后，湖南省稻田养鱼迅速推广普及，稻田养鱼技术不断改进，养殖品种逐渐增加，养殖区域由山区发展到丘陵和洞庭湖区，养殖面积和产量一度居全国第 2、第 3 位，特别是近 5 年来环洞庭湖区稻渔种养产业异军突起，推动全省稻渔综合种养迈向新的历史阶段。纵观湖南稻田养鱼的发展历程，可分为三个发展阶段。一是传统稻田养鱼的恢复和萎缩时期（20世纪50—70年代末）。20世纪50年代经历了第一次发展高潮，稻田养鱼得到迅速恢复和发展。1957年稻田养鱼产量5 366吨，占全国稻田养鱼产量的77.63％。随后的20世纪60年代初至70年代中期，农药在水稻生产上大量推广使用，稻田养鱼模式没有与迅速发展的双季稻匹配，稻鱼共生相冲突，稻田养鱼萎缩，1978年全省稻田养鱼面积仅0.53万公顷，创湖南省历史最低记录。二是模式创新与稳步发展时期（20世纪80年代初至22世纪初）。中国科学院水生生物研究所倪达书带领助手团队联合中国科学院长沙农业现代化研究所（现为中国科学院亚热带农业生态研究所）开展技术改革与试验，可以看作是科学技术介入稻鱼共生体系的开始。倪达书等在面向社会和生产时仍然使用了"稻田养鱼"的表述，而在学界里推介时则用了"稻鱼共生技术"。湖南省是倪达书着力推广稻田养鱼的地区，所以多使用"稻鱼共生"术语，其他地区（四川、湖北、广东、福建等）则多用"稻田养鱼"。20世纪80年代开始，稻田养鱼品种由原来的鲤、鲫、草鱼，增加了鲢、鳊、罗非鱼、革胡子鲶、青虾、田螺、泥鳅等种类；养殖模式有沟塘模式、宽厢深沟模式、窄垄深沟模式等。单产水平大幅提高，到2000年全省发展稻田养鱼面积35.5万公顷，产成鱼9.41万吨，培育鱼种4.4万吨。稻田养鱼成为湘南、湘西地区发展农村经济的重要产业。三是转型发展期（党的十七大以来至今）。以免除农业税、实施乡村振兴战略为标志，国家陆续出台鼓励支持农业发展相关政策，农田流转政策逐步理顺，新型农民合作组织大量涌现，稻渔综合种养模式不断创新，特别是湘北地区稻渔产业异军突起，带动全省稻渔综合种养呈现井喷式发展。到2018年，全省稻田养鱼面积30.01万公顷，产量29.8万吨，占当年水产品养殖产量的12.5％。

二、产业发展现状

1. 面积

2021年，全省稻渔综合种养面积33.80万公顷，占全国稻渔综合种养面积264.41万公顷的12.78％，居湖北、安徽之后，为全国第3位。其中稻-虾-蟹面积约20.27万公顷，占全省稻渔综合种养面积的60％，仅次于湖北、安徽，居全国第3位。2016—2021年全国及湖南省稻渔综合种养面积见表1-5。

表 1-5　2016—2021 年全国及湖南省稻渔综合种养面积

单位：公顷

年份	2016	2017	2018	2019	2020	2021
全国	1 484 001	1 682 689	2 028 262	2 317 488	2 562 686	2 644 077
湖南省	181 934	221 524	300 148	313 011	331 434	337 963
占比/%	12.26	13.16	14.80	13.51	12.93	12.78
排名	3	3	3	2	3	3

2. 产量

2021 年，湖南省稻田水产品养殖产量 49.64 万吨，较 2020 年增加 3.96 万吨，占全国稻田水产品养殖产量的 13.96%。其中小龙虾产量 35.95 万吨，占全国小龙虾产量的 15%，居全国第 3 位。2016—2021 年全国及湖南省稻渔综合种养水产品产量见表 1-6。

表 1-6　2016—2021 年全国及湖南省稻渔综合种养水产品产量

单位：吨

年份	2016	2017	2018	2019	2020	2021
全国	1 628 361	1 947 507	2 333 269	2 913 330	3 249 109	3 556 854
湖南省	98 209	190 218	298 049	391 457	456 812	496 427
占比/%	6.03	9.77	12.77	13.44	14.06	13.96
全国排名	6	4	3	3	2	3

3. 单产水平

2021 年，全省稻田水产品平均产量 97.93 千克/亩，高于全国平均产量 89.68 千克/亩。

4. 产业布局

2021 年，全省稻渔综合种养面积达 33.80 万公顷，比 2020 年同期增长 1.96%，其中稻虾（蟹）20.28 万公顷；稻田水产品产量 49.64 万吨，其中虾蟹 38.19 万吨。近年来，环洞庭湖区益阳、岳阳、常德三市稻虾（蟹）产业快速发展，成为湖南省稻渔综合种养新的增长点。2021 年环洞庭湖区三市稻渔综合种养面积 19.5 万公顷、水产品产量 36.98 万吨，分别占全省稻渔面积、水产品产量的 57.7%、74.5%。

从产业规模来看，目前全省稻渔综合种养基本形成了以"郴州高山禾花鱼"为标识品牌的湘南稻鱼稻鳅模式、以"辰溪稻花鱼"为标识品牌的湘西稻鱼模式和以"南县小龙虾"为标识品牌的环洞庭湖区稻虾模式的分布格局。

5. 种养模式

从种养模式上看，全省稻渔综合种养主要有四种模式：一是稻鱼模式。全省范围都有，以丘陵山区为主，养殖的品种主要有鲤鱼、鲫鱼、草鱼、鲢鳙鱼、乌鳢等，主要采用沟式、沟凼式和宽沟式田间工程养殖。稻鱼结合上主要有一季稻＋鱼，双季稻＋鱼和再生稻＋鱼等模式。一般亩产稻谷 500 千克左右，鱼 50～100 千克，每亩纯收益 1 500 元左右。二是稻虾模式。主要集中在洞庭湖区域，利用水源充足、水质条件较好、地势低洼的一季稻田养虾。采用稻虾共生和稻虾连作两种模式。一般在 3—4 月投放苗种或 8—9 月投放亲虾，中稻一般在 6 月中下旬移栽。每亩产稻谷 600 千克左右，小龙虾 100 千克左右，每亩纯收益 3 000 元左右。三是稻鳅模式。主要养殖品种为大鳞副泥鳅，集中在祁东县、绥宁县、零陵区、郴州市等地。一般每亩产稻谷 500 千克左右，泥鳅 120 千克左右，每亩纯收益 3 000 元左右。四是稻鳖（龟）模式。多为稻鳖共生模式，主要分布在益阳、常德和怀化等地。水稻间距采用宽窄行稀疏种植，宽行可达普通水稻的 3 倍。稻、鳖均采用有机生产标准。一般每亩产稻谷 500 千克左右，鳖 80 千克左右，每亩纯收益 4 000 元左右。此外，还有莲鱼、稻蟹、稻蛙等种养模式。

三、主要成效与意义

稻渔综合种养能通过种养结合、生态循环，实现一水双用、一田双收，水稻种植与水产养殖协调绿色发展，既破解了国家"要粮"和农民"要钱"的矛盾，又解决了渔业"要空间"的问题，是一种可复制、可推广、可持续的现代农业好模式。

一是促进稳粮增收的有效手段。"湖广熟，天下足。"古往今来，水稻是湖南种植的优势农作物，作为水稻生产大省，湖南省稻谷产量常年居全国第一。然而，当前单一种植水稻效益比较低，严重影响了农民种稻积极性。据调查，全省水稻平均每亩纯收益不足 200 元。农民普遍反映，仅靠水稻种植尚不能负担家庭的日常开支，导致部分地区稻田撂荒闲置和"非粮化""非农化"的问题十分突出。发展稻渔综合种养，将水稻与特色水产连作共生，有效促进了稻田的产业化经营，大幅度提升稻田综合效益，实现"以渔促稻"。湖南省启动湘东、湘南、湘西高山禾花鱼综合种养优势带建设，在一季稻区发展高山禾花鱼，筛选适宜山地梯田种植的优质稻品种，组装推广稻鱼共生水稻高产技术，实现单产过千斤。在辰溪、通道开展"稻-金背鲤"示范，推动稻渔综合种养迈向规模化、标准化，实现"种生态稻，养禾花鱼，亩产粮过千斤，增收逾千元，稻鱼双丰收"。

二是渔业转方式、调结构的重点方向。"十三五"时期，湖南省渔业资源环境约束不断加剧，渔业发展空间日益缩小的问题突出。发展稻渔综合种养新模式能实现充分利用稻田的坑沟、空隙带和冬闲田发展水产养殖，开辟了一条保障水产品供给的新路。湖南省宜渔稻田近1 300万亩，发展潜力巨大。据测算，100万亩新型稻田综合种养，每年可新增优质水产品10万吨以上，新增渔业产值50亿元以上。

三是农业农村可持续发展的重要支撑。稻渔综合种养是由农（渔）民首创、市场推动、政府扶持形成的一种可复制、易推广的现代农业发展新模式。通过建立稻-渔共生循环系统，提高了稻田能量和物质利用效率，减少了农业面源污染、废水废物排放和病虫草害发生，并有利于农村防洪蓄水、抗旱保收，显著改善了农村的生态环境。从示范区调查情况看，水稻亩产稳定在500千克左右，农药和化肥使用量平均减少30%以上，稻渔产品质量安全水平显著提高。

四是突破水产加工短板、实现"接二连三"的重要抓手。近年来，湖南省在推动稻渔综合种养产业发展过程中，打造了"郴州高山禾花鱼""辰溪稻花鱼""南县小龙虾""南州稻虾米"等农产品地理公共标识品牌，形成了"渔家姑娘""今知香""绿态健"等小龙虾、稻米加工知名企业品牌，实现了种养基地与全域旅游、休闲农业、美食文化的有机融合。洞庭湖区抓住一只虾打造一个产业，年加工小龙虾5万吨以上，形成了虾仁、虾尾、整虾、熟食等系列产品，实现了湖南水产品加工由"量"的突破向"质"的提升。在"辰溪稻花鱼"品牌的带动下，辰溪县发展稻花鱼养殖专业合作社、养殖专业户300多家，养殖面积10.5万亩，形成了完整的养殖、产品加工及网络销售产业体系，优质稻花鱼畅销全国各地。

五是助推精准扶贫的有效途径。近年来，各地结合实际，将稻渔综合种养纳入精准扶贫重点产业项目，通过发展稻渔综合种养，助推精准扶贫。据统计，全省每年新增稻渔综合种养50万亩以上与产业扶贫项目紧密结合，有效带动贫困人口10万人以上脱贫。南县将稻渔综合种养列入重点扶贫产业，2018 年全县贫困户发展稻渔综合种养近 2 万亩，有效带动 15 000 名贫困人口脱贫，基本达到了一亩稻渔助推一人脱贫的效果。

第二章　稻鱼适宜种养品种

第一节　水稻品种选择

稻渔综合种养模式具有良好的经济效益、社会效益，既保证了粮食安全，又促进了农民增收，是稻田高产高效的新出路。优良的水稻品种和具有优良性状的优质鱼在稻鱼共养模式缺一不可。优质多抗的水稻品种是稻鱼共生系统发展的重要保障，安全、优质、高产水稻品种的选择一直是稻渔共作生产的首选水稻品种。

一、水稻品种选择因素

农业部发布的水产行业标准《稻渔综合种养技术规范》(SC/T1135.1—2017) 规定了稻渔综合种养应保证水稻稳产、规范水产养殖、保护稻田生态、保障产品质量和促进产业化发展，其技术指标应符合：平原地区稻单产不低于 7 500 千克/公顷，丘陵山区水稻单产不低于当地水稻单作平均单产；与同等条件下的水稻单作对比，单位面积化肥施用量平均减少30%、单位面积农药用量平均减少30%、无抗菌类和杀虫类渔用药物使用。因此，稻渔共作水稻的品种选择需要综合考虑以下四个因素：一是选用穗数足、穗型大、产量潜力高的优质品种，保证水稻田粮食产量与质量，维护粮食安全，提升产业效益。二是耐长期淹水、抗倒性强，稻渔共作水稻品种若利用不当造成倒伏，不仅会大幅度减产，降低稻米品质，且会恶化水体，危及水产品的安全。三是抽穗期能避开三代三化螟的危害，即在安全齐穗的前提下，能在 8 月下旬前或 9 月上旬后抽穗。四是成熟期与水产品的捕捞期相适应，要求其成熟期在 10 月下旬，水产品的捕捞期在 10 月中下旬。

1. 产量及稻米品质

稻渔共作生产为了维护粮食安全，一般种稻面积为90%以上。其次，水稻作为水产品栖息的场所，因而选用穗数足、穗型大、产量潜力高的品种对提高经济效益尤为重要。共作水稻还要求分蘖力强，能尽快达到足够茎蘖数，生长旺盛、干物质积累量高，从而能有效地抵抗深水的逆境和鱼的取食，保证水稻田粮食产量。

稻渔共作生产的稻谷不仅要突出无公害（绿色），更要突出优质才能发挥资源优势。试验选用的品种大多为市场占有率较大的优质品种以及比较有潜力的品系。其加工品质、外观品质、营养品质和蒸煮品质也均达到国标二级以上。

2. 株型特征与抗倒性

由于稻渔共作稻田后期水层较深，水稻品种容易倒伏，不仅会大幅度减产，降低稻米的品质，而且会严重恶化水质危及水产动物的安全。因而水稻的株型特征与抗倒性对稻渔共作水稻品种的选择至关重要。适宜的品种不仅要茎秆粗壮抗倒，基部节间较短，还要求有一定的株高优势，以适应长期的水层生态，因此宜选择综合株高与节间配置表现较好的品种。

3. 避螟与抗病性

稻渔共作水稻病虫害的防治原则为防治主要病虫害、放松对次要病虫的防治。我国南方稻渔共作稻田主要病害为条纹叶枯病，主要虫害为三代三化螟和稻纵卷叶螟，其他病虫害均较轻，一般年份不需防治，草害发生较轻，不需防治。对于条纹叶枯病除了注重浸种与秧田防治外，还应选用抗性好的品种。三代三化螟有其特定的卵孵化高峰期，一般在8月下旬至9月上旬间，水稻能在8月下旬前或9月上旬后抽穗，三化螟发生就会较轻。但过早抽穗的品种其成熟期也相对较早，不利于稻鱼生育期的协调，而过迟抽穗的品种又存在后期能否安全成熟的问题。与水产品最佳捕获期相协调且能完全避螟的品种是比较缺乏的，因而综合各品种的其他特性，稻渔综合种养宜选择在三代三化螟轻发年或存在抽穗期栽培调控余地的品种等。

4. 生育期

为了提高水产品的经济效益和生产的安全性，增加稻渔共生期，稻渔共作稻田，水稻要求早播、早栽，且水稻的成熟期与水产品的捕捞期相适应。水产品大量捕捞上市一般在10月中旬左右，因而水稻的收获也应在10月中旬左右最为适宜。过早收获，一方面影响水产动物在稻田中的安全，另一方面由于稻田不能退水，水稻须带水收割，将导致人力与难度的增加。由于大部分迟熟粳稻在子粒灌浆成熟期植株抗倒性较好，可适当延迟收割，因而在 10 月中下旬成熟的品种具有较大的可利用性。

二、常用水稻品种

用于稻田养鱼的水稻品种一般为晚稻或单季稻。稻鱼综合种养主要集中于南方丘陵山区，四川省、贵州省、湖南省 3 个省面积约占全国稻鱼种养面积的 70%，广西壮族自治区、云南省 2 个省（区）面积约占12%，福建省、浙江省、江西省、重庆市 4 个省（市）面积约占 5%。各地科研机构均开展了稻渔综合种养水稻适宜品种的筛选，野香优 699、常优 1 号、苏香粳 1 号、86 优 8 号、武香粳 14 号、华粳 3 号、甬优 7850、甬优 8050、嘉丰优 2 号、泰两优 217、中浙优 8 号、嘉丰优 2 号在华东地区开展稻渔综合种养中常作为推荐品种。粤农丝苗、美香占 2 号、黄广油占、万太优 3158、野香优 9 号、昌两优馥香占、万太优美占、桂育 9号在华南地区开展稻渔综合种养中常作为推荐品种。湘晚籼 13 号、玉针香、玉晶 91、农香 18、湘晚籼 17 号、黄华占、农香 32、桃优香占、泰优 390、晶两优华占、甬优 9 号、晶两优 1468、玉香优 261 在华中地区开展稻渔综合种养中常作为推荐品种。川香优 6203、宜香优 2115、宜香优7633、内 5 优 39、宜香 4245、德优 4727、紫两优 737、黔优 35、川优6203、闽糯 6 优 6 号，在西南地区开展稻渔综合种养中常作为推荐品种。现将以上地区适宜稻田养鱼的主要水稻品种及特性介绍如下。

（一）华东地区

1. 野香优 699

野香优 699 属中籼三系杂交稻品种。株型适中，每亩有效穗数 13.9万穗，每穗总粒数 221.6 粒，结实率 86.8%，千粒重 26.3 克。两年稻瘟病抗性鉴定综合评价为抗稻瘟病。全生育期 140 天左右，产量中等，两年区域试验平均亩产 626.95 千克，米质达到农业农村部三等优质食用稻品种品质标准。

2. 常优 1 号

常优 1 号该品种属粳型三系杂交水稻，在长江流域中、下游作单季晚粳种植全生育期平均 145.9 天。该品种高感稻瘟病，中感白叶枯病，高感褐飞虱。株高 105 厘米。每亩有效穗数 19.1 万穗，每穗总粒数 147粒，结实率 81.9%，千粒重 27.7 克。

3. 苏香粳 1 号

苏香粳 1 号在苏州地区作单季晚稻种植，全生育期 160 天左右。一般每亩穗数 25 万～27 万穗，每穗总粒数 90 粒上下，结实率 90% 左右，千粒重 28 克左右。"苏香粳 1 号"耐肥抗性中等，对稻瘟病抗性较强。

4. 86 优 8 号

86 优 8 号系是用自育三系粳型不育系 863A 与自选恢复系宁恢 8 号配组育成的三系杂交粳稻新组合。全生育期 155 天左右，属早熟晚粳类型，株高 100 厘米，耐肥抗倒，根系发达。一般每亩有效穗数 16 万～17 万穗，每穗总粒数 170～180 粒，结实率 90% 以上，千粒重 26～27 克。江苏省农科院植保所鉴定，该组合高抗白叶枯病，高抗稻瘟病，纹枯病较轻，无条纹叶枯病。

5. 武香粳 14 号

武香粳 14 号是江苏省武进稻麦育种场育成的集早熟、高产、优质于一体的早熟晚粳新品种，适应性较广，在江苏及安徽的长江两岸及淮河以南水源充足的广大地区均能种植。2004—2005 年生产试验，平均亩产 543.45 千克，较对照武运粳 7 号增产 2.57%。株高 95 厘米左右，全生育期 150 天。该品种分蘖性中等偏强，成穗率较高，抗倒性强，后期熟相好，对稻瘟病抗性较好、中抗白叶枯病，中感纹枯病，不抗条纹叶枯病。

6. 华粳 3 号

华粳 3 号，粳型常规水稻，适宜江苏省苏中地区中上等肥力条件下种植。每亩有效穗 23 万左右，每穗实粒数 115 粒左右，结实率 90% 左右，千粒重 24 克左右。株高 95 厘米左右，全生育期 155 天左右，较武育粳 3 号长 4～5 天。该品种株型紧凑，分蘖性较强，抗倒性较强，接种鉴定抗穗颈瘟、中抗白叶枯病，感纹枯病。

7. 甬优 7850

甬优 7850 属于单季籼粳杂交晚稻新组合，该品种生株高适中，茎秆粗壮，分蘖力偏弱，全生育期 150.5 天，平均产量 734.6 千克/亩。抗性：稻瘟病综合指数两年分别为 3.1、2.8，穗瘟损失率最高级 3 级；水稻白叶枯病 5 级；褐飞虱 9 级；水稻条纹叶枯病 5 级；中抗稻瘟病，中感白叶枯病，高感褐飞虱，中感水稻纹枯病。

8. 甬优 8050

甬优 8050 属三系杂交籼稻。该品种长势繁茂，分蘖力中等。两年省区试平均全生育期 134.6 天。该品种亩有效穗 12.9 万，成穗率 63.9%，株高 126.7 厘米，每穗总粒数 220.3 粒，实粒数 197.2 粒，结实率 89.5%，千粒重 24.7 克。经 2013—2014 年抗性鉴定，平均叶瘟 1.4 级，穗瘟 2.8 级，穗瘟损失率 1.8 级，综合指数为 2.6；白叶枯病 5.2 级；褐稻虱 7 级。

9. 嘉丰优 2 号

嘉丰优 2 号属单季三系籼粳杂交稻（偏籼型），具有优质、高产、中抗稻瘟病等优点。该品种长势旺，株型适中，植株较高，分蘖力中等。亩有效穗 11.5 万穗，株高 126.9 厘米，每穗总粒数 273.3 粒，实粒数 215.5 粒，结实率 78.8%，千粒重 25.7 克。经浙江省农业科学院植物保护与微生物研究所 2015—2016 年抗性鉴定，穗瘟损失率最高 1 级，综合指数 2.3；水稻白叶枯病最高 7 级；褐飞虱最高 9 级。

10. 泰两优 217

泰两优 217 为籼型两系杂交水稻。植株较矮，分蘖力较强。两年省区试平均全生育期 136.9 天。亩有效穗 14.6 万穗，株高 114.2 厘米，每穗总粒数 217.9 粒，实粒数 185.9 粒，结实率 85.3%，千粒重 24.6 克。经农业部稻米及制品质量监督检测中心 2015—2016 年检测，米质综合指标分别为食用稻品种品质部颁普通和三等。中抗稻瘟病。

11. 中浙优 8 号

中浙优 8 号属迟熟籼型三系杂交稻。全生育期 158.7 天，株叶型紧凑，茎秆较粗壮；叶色浓绿，剑叶挺直。平均株高 121.2 厘米，穗长 27.6 厘米，结实率 77.5%，千粒重 26 克。稻瘟病综合抗性指数为 4.69级，耐冷性鉴定为极弱。

12. 嘉丰优 2 号

嘉丰优 2 号属单季三系籼粳杂交稻（偏籼型）具有优质、高产、中抗稻瘟病等优点。亩有效穗 11.5 万穗，株高 126.9 厘米，每穗总粒数 273.3 粒，实粒数 215.5 粒，结实率 78.8%，千粒重 25.7 克。穗瘟损失率最高 1 级，综合指数 2.3；水稻白叶枯病最高 7 级；褐飞虱最高 9 级。

（二）华南地区

1. 粤农丝苗

粤农丝苗，属籼型杂交选育常规水稻品种。全生育期 122～140 天，株型适中。每亩有效穗数约 19.89 万穗，平均株高 95.5 厘米，每穗总粒数 128.7 粒，结实率 84.4%，千粒重 20.9 克。两年抗性综合表现苗瘟 4级，叶瘟 5 级，穗颈瘟 7 级，白叶枯 7 级，纹枯 5 级。

2. 美香占 2 号

美香占 2 号为感温型常规稻品种。株高 90.5～96.6 厘米，亩有效穗 21.8 万～22.1 万穗，每穗总粒数 108～120 粒，结实率 83.9%～87.7%，千粒重 18.1～18.5 克。中感稻瘟病，叶瘟 4.67 级，中感白叶枯病。

3. 黄广油占

黄广油占为感温型常规稻品种。早造平均全生育期 128～132 天。株型适中，分蘖力中等，抗倒力、耐寒性中强。亩有效穗 17.6 万～18.3 万穗，每穗总粒数 133～144 粒，结实率 84.9%～87.2%，千粒重 24.5～24.6 克。高抗稻瘟病，中感白叶枯病，耐寒性中强。

4. 万太优 3158

万太优 3158 为籼型三系杂交水稻品种。在桂南早稻种植，全生育期 120.1 天。每亩有效穗数 16.5 万穗，株高 115.2 厘米，每穗总粒数 184.7 粒，结实率 83.5%，千粒重 23.7 克。中感稻瘟病、中感白叶枯病。

5. 野香优 9 号

该品种属弱感光型三系杂交稻，在桂南作晚稻种植全生育期 116 天左右。每亩有效穗数 16.1 万，每穗总粒数 150.9 粒，结实率 79.8%，千粒重 24.6 克。

6. 昌两优馥香占

昌两优馥香占为籼型两系杂交水稻品种。在华南作双季晚稻种植，全生育期 118.0 天，每亩有效穗数 15.7 万穗，每穗总粒数 184.0 粒，结实率 79.1%，千粒重 23.8 克。稻瘟病综合指数两年分别为 4.4、3.0，穗颈瘟损失率最高级 5 级，白叶枯病 7 级，褐飞虱 9 级，中感稻瘟病，感白叶枯病，高感褐飞虱。

7. 万太优美占

万太优美占为感温籼型三系杂交水稻品种，全生育期 107.0 天。每亩有效穗数 17.2 万穗，每穗总粒数 156.5 粒，结实率 81.0%，千粒重 25.1 克。中感稻瘟病，高感白叶枯病。

8. 桂育 9 号

桂育 9 号属感温籼型常规水稻，桂南、桂中早稻种植全生育期 123 天左右，晚稻种植全生育期 108 天左右。株型紧凑，每亩有效穗数 17.1 万穗，每穗总粒数 160.9 粒，结实率 76.6%，千粒重 23.5 克。抗性：稻瘟病综合指数 7.6 级，穗瘟损失率最高级 9 级；白叶枯病 7 级；高感稻瘟病、感白叶枯病。

（三）华中地区

1. 湘晚籼 13 号

湘晚籼 13 号（原名农香 98）是迟熟香型优质常规晚籼品种。两年平均亩产 397.3 千克，全生育期 123.7 天，株型适中，抗倒性较强。每亩有效穗数 24.5 万穗，每穗总粒数 97.3 粒，结实率 85.9%，千粒重 25.3 克。经鉴定，易感稻瘟病，不抗白叶枯病。

2. 玉针香

该品种属常规中熟晚籼，在湖南省作双季晚稻栽培，全生育期 114 天左右。株高 119 厘米左右，株型适中。每亩有效穗数 28.1 万穗，每穗总粒数 115.8 粒，结实率 81.1%，千粒重 28.0 克。抗性：稻瘟病抗性综合指数 8.2，白叶枯病抗性 7 级，感白叶枯病；抗寒能力较强。

3. 玉晶 91

玉晶 91 籼型常规中熟晚稻，在湖南省作晚稻栽培，全生育期 113.4 天。每亩有效穗数 21.1 万穗，每穗总粒数 95.4 粒，结实率 82.7%，千粒重 32.7 克。叶瘟 4.8 级，穗颈瘟 6.3 级，稻瘟病抗性综合指数 4.6，白叶枯病 7 级，稻曲病 3 级。耐低温能力强。

4. 农香 18

农香 18 该品种属常规迟熟晚籼，全生育期 116.7 天左右。株型适中，株高 123 厘米，每亩有效穗 18.4 万穗，每穗总粒数 133.8 粒，结实率 86.4%，千粒重 28.6 克。叶瘟 9 级，穗瘟 9 级，稻瘟病综合抗性指数 7.9。高感稻瘟病，白叶枯病 7 级，感白叶枯病，抗寒能力较强。两年区试平均亩产 475.87 千克。

5. 湘晚籼 17 号

湘晚籼 17 号为香型优质稻新品种，是以"湘晚籼 10 号"为母本，广东的"三合占"为父本杂交育成的中熟晚籼品种，2008 年初通过湖南省农作物品种审定委员会审定，糙米率 78.7%，精米率 68.5%，整精米率 60.9%，粒长 8.1 毫米，长宽比 4∶1，垩白粒率 9%，垩白度 0.7%，透明度 1 级，碱消值 6 级，胶稠度 84 毫米，直链淀粉含量 17%。

6. 黄华占

黄华占是高产优质中籼新品种，2005 年通过广东省审定，2007 年通过湖南省、湖北省农作物品种委员会审定。在湖南省作中稻栽培，全生育期 136 天。株高 92 厘米，千粒重 23.5 克，每穗总粒数 157.6 粒，结实率 90.8%。湖南区试点叶瘟 4 级，穗瘟 9 级；广东区试点稻瘟 3.5 级，中抗稻瘟病；抗高温能力较强，耐肥抗倒。

7. 农香 32

农香 32 为籼型常规水稻，全生育期 137.5 天。株高 126.4 厘米，株型适中。每亩有效穗数 14 万穗，每穗总粒数 171.6 粒，结实率 78.1%，千粒重 27.7 克。叶瘟 5.8 级，穗颈瘟 7.3 级，稻瘟病抗性综合指数 5.6，白叶枯病 7 级，稻曲病 4 级，耐高温能力较弱，耐低温能力较弱。

8. 桃优香占

桃优香占是籼型三系杂交中熟晚稻。全生育期 113.4 天，株型适中，分蘖能力强。每亩有效穗数 22 万穗，每穗总粒数 119.5 粒，结实率 79.7%，千粒重 28.8 克。叶瘟 4.5 级，穗颈瘟 6.0 级，稻瘟病抗性综合指数 3.9，白叶枯病 7 级，稻曲病 1.8 级，耐低温能力中等。

9. 泰优 390

泰优 390 是三系杂交迟熟晚稻。在湖南省作晚稻栽培，全生育期 118.5 天。株型适中，每亩有效穗数 20.25 万穗，每穗总粒数 149.55 粒，结实率 81.0%，千粒重 25.2 克。叶瘟 4.8 级，穗颈瘟 6.7 级，稻瘟病抗性综合指数 4.7。白叶枯病 6 级，稻曲病 6 级，耐低温能力中等。

10. 晶两优华占

晶两优华占是用晶 4155S×华占选育而成的籼型两系杂交一季晚稻。在湖南省作一季晚稻栽培，全生育期 126.8 天。株型适中，分蘖力强。每亩有效穗数 19.4 万穗，每穗总粒数 172.7 粒，结实率 77.9%，千粒重 23.2 克。叶瘟 2.3 级，穗颈瘟 2.7 级，稻瘟病抗性综合指数 1.7，白叶枯病 6 级，稻曲病 3.5 级，耐高温能力中等，耐低温能力强。

11. 甬优 9 号

甬优 9 号属中熟偏迟单季籼粳杂交晚稻。甬优 9 号全生育期平均 152.7 天，株型适中、偏籼，分蘖力中等，茎秆健壮，抗倒性好。亩有效穗 17 万～20 万穗，成穗率 67.5%，每穗总粒数 170～225 粒，结实率 70% 以上，千粒重 26 克左右。中抗稻瘟病综合指数 4.4 级，中感白叶枯病平均 4 级，最高 5 级，感褐稻虱 9 级。

12. 晶两优 1468

晶两优 1468 籼型两系杂交水稻品种，长江中下游作一季中稻种植，全生育期 137.4 天，株高 121.0 厘米，每亩有效穗数 16.6 万穗，每穗总粒数 198.2 粒，千粒重 23.8 克，高感稻瘟病，中感水稻白叶枯病，高感褐飞虱。在长江上游作一季中稻种植，全生育期 154.0 天，每亩有效穗

数 16.6 万穗，每穗总粒数 190.2 粒，千粒重 24.8 克。感稻瘟病，高感褐
飞虱。

13. 玉香优 261

玉香优 261，籼型三系杂交水稻。在长江中下游作一季晚稻种植，全
生育期 114 天左右，在华南稻区种植，全生育期 124.7 天。株高 120.8 厘
米，株型适中，茎秆有韧性。分蘖能力强，每亩有效穗数 17.8 万穗，每
穗总粒数 156.1 粒，结实率 85.8%，千粒重 22.4 克。抽穗期耐热性较
强，且高温对米质影响较小，稻瘟病综合指数 3.0 级，白叶枯病 7 级。

（四）西南地区

1. 川香优 6203

川优 6203 水稻是籼型三系杂交水稻品种，适宜在长江上游作中稻种
植，全生育期为 156.3 天，株高 111.6 厘米，株型较紧凑，分蘖力中等，
抗倒性较差。亩有效穗 17.6 万穗，每穗总粒数 165.8 粒，每穗实粒数
140.5 粒，结实率 84.8%，千粒重 28.35 克。叶瘟 2.7 级，穗瘟 5.0 级，
穗瘟损失率 3.0 级，稻瘟病综合抗性指数 3.3，白叶枯病 7.0 级，稻曲病
3.0 级。

2. 宜香优 2115

宜香优 2115 为籼型三系杂交水稻品种。长江上游作一季中稻种植，
全生育期平均 156.7 天，分蘖力中等。每亩有效穗数 15.0 万穗，每穗总
粒数 156.5 粒，结实率 82.2%，千粒重 32.9 克。稻瘟病综合指数 3.6，
穗瘟损失率最高级 5 级，褐飞虱 9 级，中感稻瘟病，高感褐飞虱。

3. 宜香优 7633

宜香优 7633 为籼型三系杂交水稻，适宜四川平坝和丘陵地区种植。
平均全生育期 153.4 天，亩有效穗 12.4 万穗，千粒重 28.1 克。叶瘟 6
级，穗瘟发病率 9 级，穗瘟损失率 7 级，综合抗性指数 7.25，抗性病级 7
级，抗性评价感病。

4. 内 5 优 39

内 5 优 39 属籼型三系杂交水稻。在长江上游作一季中稻种植，全生
育期平均 157.5 天，比对照 II 优 838 短 1.2 天。株高 112.2 厘米，穗长
25.6 厘米，每亩有效穗数 15.3 万穗，每穗总粒数 168.6 粒，结实率
82.1%，千粒重 29.2 克。株型紧凑，叶片较宽，叶鞘、叶缘、颖尖、茎
节紫色，熟期转色好。抗性：稻瘟病综合指数 4.0 级，穗瘟损失率最高
级 5 级；褐飞虱 9 级；耐热性弱。中感稻瘟病，高感褐飞虱。米质主要指

标：整精米率 67.0%，长宽比 2.9，垩白粒率 13.5%，垩白度 1.9%，胶稠度 71 毫米，直链淀粉含量 16.7%。

5. 宜香 4245

宜香 4245 是用自育不育系宜香 1A 与自育恢复系宜恢 4245 组配而成的中籼迟熟优质杂交稻组合，长江上游作中稻种植。全生育期 151.2 天，株型紧凑，分蘖力较强。亩有效穗 14.6 万穗，每穗平均着粒 181.0 粒，结实率 78.4%，千粒重 28.2 克。叶瘟 4 级，穗瘟发病率 3 级，穗瘟损失率 3 级，综合抗性指数 3.25，抗性病级 3 级，抗性评价中抗。

6. 德优 4727

德优 4727 属籼型三系杂交水稻品种。长江上游作中稻种植，全生育期 158.4 天。亩有效穗数 14.9 万穗，穗粒数 160.0 粒，结实率 82.2%，千粒重 32.0 克。稻瘟病综合指数 5.3，穗瘟损失率最高级 7 级；褐飞虱 7 级；感稻瘟病和褐飞虱。抽穗期耐热性中等。

7. 紫两优 737

紫两优 737，籼型两系杂交糯稻。株高 97.0 厘米，株型适中，亩有效穗 19.1 万穗，成穗率 71.1%，生育期 161.3 天，耐寒性中。穗总粒数 179.9 粒，穗实粒数 129.3 粒，结实率 72.1%，千粒重 24.9 克。穗瘟损失率 5.0，稻瘟病综合抗性指数 4.75，高抗白叶枯病（1.0 级），感纹枯病（7.0 级），抗稻曲病（3.0 级）。

8. 黔优 35

迟熟籼型三系杂交稻。全生育期 154.0 天，株高 123.9 厘米，亩有效穗 14.7 万穗，每穗总粒数 189.5 粒，结实率为 79.0%，千粒重 30.8 克。耐冷性中等，中抗稻瘟病。两年平均亩产 647.06 千克。

9. 川优 6203

籼型三系杂交水稻品种。长江上游作中稻种植，全生育期 156.3 天。株高 111.6 厘米，亩有效穗数 15.2 万穗，穗粒数 169.0 粒，结实率 80.8%，千粒重 29.0 克，易倒伏。稻瘟病综合指数 3.6，穗瘟损失率最高级 5 级；褐飞虱 9 级；中感稻瘟病，高感褐飞虱。两年区域试验平均亩产 585.4 千克。

10. 闽糯 6 优 6 号

闽糯 6 优 6 号为迟熟籼型三系杂交糯稻。全生育期为 149.2 天。株高 112.2 厘米，株茎秆较粗壮，分蘖力中等，亩有效穗 14.3 万，穗实粒数为 153.5 粒，结实率 82.6%，千粒重 27.4 克。稻瘟病抗性鉴定综合评价为"中感"。耐冷性鉴定表现为"弱"。适宜于贵州省迟熟籼稻区作糯稻种植。稻瘟病重发区慎用。

第二节　稻田鱼类品种选择

稻田养鱼是在不改变水田种稻的前提下，适当加高加固田埂，开挖少量沟坑，鱼在稻田浅水中生活。鱼利用稻田中的杂草、浮游生物、底栖生物、水生昆虫害虫等作为饵料，从而可以起到生态环保养殖的作用；而水稻则能利用鱼类粪便、残饵作为肥料，起到优质增产的作用。鱼和稻共同形成一种"稻鱼互利共生"的生态种养模式，具有投入少、周期短、见效快、稳粮增收、提高农田综合效益等特点。

稻田水位浅，水温昼夜变化大，肥度变化快，土壤中有机质多及水中溶氧量较高等，是稻田水环境的一些基本特点。稻田中的维管束植物、丝状藻类、底栖生物和有机碎屑较多，而浮游生物的数量相对较少，其数量随田水肥度的变化而变化，缺乏规律性，这是稻田中饵料情况的一些特点。鲤、鲫鱼作为杂食性鱼类，能有效利用稻田中的各种饵料，对温度的适应性较强，是我国稻田养鱼的主要养殖品种；而草鱼、黄鳝、沙塘鳢、鲶鱼、罗非鱼、鲈鱼也是稻田养鱼的潜力品种，全国各地已有较好的探索与养殖实践。

鲤鱼为鲤形目鲤科鲤属的经济鱼类，鲫鱼为鲤形目鲤科鲫属的经济鱼类，鲤、鲫鱼食性杂，抗逆性强，生长快，以下将鲤、鲫鱼作为稻田代表性养殖鱼类进行介绍。

一、鲤（鲫）鱼的形态特征

鲤鱼呈梭形且略扁，背部灰黑，腹部浅白或淡灰，侧线下方及近尾柄处金黄色（体色也依品种而异，有金黄色、橘红色、粉红色等）。吻钝，口端为马蹄形，触须2对，颌须长约为吻须的2倍。下咽齿3行，内侧的齿呈白齿形，鳞大。背鳍第Ⅲ硬棘后缘有锯齿，臀鳍第Ⅲ硬棘后缘也有锯齿。身体背部呈纯黑色，侧线的下方近金黄色，腹部淡白色。背、尾鳍基部微黑，雄鱼尾鳍和臀鳍橙红色。个体也较大，常见的有0.5～2.5千克，最大可达15千克以上。

鲫鱼呈流梭形，体侧扁而高，体较厚，腹部圆。头短小，吻钝，无须。鳃耙长，鳃丝细长，下咽齿一行，扁片形。鳞片大，侧线微弯，背鳍长，外缘较平直。背鳍、臀鳍第Ⅲ硬棘较硬，后缘有锯齿。胸鳍末端可达腹鳍起点。尾鳍深叉形。一般体背面灰黑色，腹面银灰色，各鳍条灰白色。因生长水域不同，体色深浅有差异。腹部呈白黑色，背部呈黑色。天敌从水上方往下看，由于黑色的鱼背和河底淤泥同色，故难被发现。体长15～20厘米，体重可达0.5～1千克。

二、鲤（鲫）鱼的生活习性

鲤（鲫）鱼为底层鱼类，栖息于水体的中下层，并在池底最深处集群越冬。当在水温适宜、生活环境无惊扰的情况下，也时常上浮水面，时合、时开地集群逗游；当受到外界环境干扰时，便各自急速逃窜下沉。鲤（鲫）鱼耐低氧能力强，其临界窒息点很低，一般在0.2～3毫克/升范围内，在水体溶氧4.5毫克/升以上时生长良好，低于2毫克/升摄食减少，1毫克/升开始浮头。鲤（鲫）鱼对温度的适应能力也很强，因此分布非常广，除西部高原地区外，广泛分布于全国各地。鲤（鲫）鱼的最适生长水温为22～32℃，高于32℃或低于15℃生长明显缓慢，低于10℃停止摄食，能在2～34℃的水环境中生存、生活和生长。鲤（鲫）鱼对水质要求不高，耐肥，因此能适应稻田养殖环境。

鲤（鲫）鱼属底层杂食性鱼类，鱼苗阶段主食浮游生物，达到夏花规格后转为杂食性。它可摄食底泥中的水蚯蚓、水生昆虫、有机碎屑；又可摄食人工投喂饲料。常在底泥中觅食，又可活动到水面，摄食能力强，饲料利用率高。若用配合饲料饲养，一般1龄达商品鱼规格。

三、稻田养殖鲤（鲫）鱼主要品种介绍

1. 湘西呆鲤

品种来源：呆鲤，又称埋头鲤、禾花鱼，因其性格较普通鲤温顺，在汛期水涨时埋头少动、不易逃逸而得名，在湖南湘西稻田养殖的历史超过500年，是湖南久负盛名的稻田养殖特色鱼类。

特征特性：湘西呆鲤体长口下位，体形与普通鲤鱼相比较长，头较尖，金鳞赤尾。湘西呆鲤性温驯、耐低氧、不易逃的习性适应在山区稻田中养殖。湘西呆鲤是湘西自治州山区农民在长期养殖过程中选育出的一个地方品种。湘西吕洞山苗寨稻田养鱼传统历史悠长，当地有段双韵苗谣："稻花开，鱼儿欢，傻鱼爱吃稻花鲜。稻花香，鱼儿香，傻鱼更比稻花香。"呆鲤养殖性状优良，耐低温低氧能力强、耐操作耐运输、不随

水流逃逸、起捕率高，其肉味鲜美，肉质优良，深受消费市场和稻田养殖户的青睐。呆鲤适应性广，抗病力强，即使在含氧量低的稻田泥水里，亦能生长良好。杂食性，生长快，当年夏花可达 150～250 克/尾；易繁殖，一般 2 龄即达性成熟（图 2-1）。

图 2-1　湘西呆鲤（引自梁志强）

2. 瓯江彩鲤

品种来源：瓯江彩鲤俗称青田田鱼，属鲤形目鲤科鲤亚科，主要分布于浙江省西南部的瓯江水系，是浙江省青田县著名的特产。青田田鱼，为一种变种的鲤鱼，有多种体色类型，可分为"全红""大花""麻花""粉玉"及"粉花"五种体色。清光绪年间的《青田县志》中有"田鱼，有红、黑、驳数色，土人于稻田及圩池养之"的记载。这是有关青田田鱼养殖的最早文字记录。因为青田悠久的稻田养鱼历史传统和持续至今的实践，2005 年被联合国粮食及农业组织（FAO）批准为"全球重要农业文化遗产保护项目"。

特征特性：青田田鱼在稻田环境中经过长时间的演化，具有抗逆性强、生长迅速、体色丰富和肉质鲜嫩等特点。青田田鱼出自稻田而无泥腥味，肉质细嫩，味道鲜美，鳞片柔软可食，营养十分丰富，颜色鲜艳，深受人们的喜爱。青田田鱼生长快、食性杂、性情温和，非常适合稻田养殖（图 2-2）。

图 2-2　瓯江彩鲤（引自梁志强）

3. 金背鲤

品种来源：金背鲤又称金边鲤、禾花鲤等。在湖南、广西、贵州三省交界处，有着悠久的稻田养鱼历史，形成了独具特色的金背鲤。

特征特性：金边鲤头顶部有一对称形似蝴蝶结状的金色图纹，背鳍两侧从头部顶端上缘一直到尾部上缘的皮肤为金色，似一条"金边"在鱼的背部。金边鲤以其独有的人文历史渊源、典型的外观特征、较高的营养价值及明显的脱贫致富作用，正被合理地养殖开发与利用（图 2-3）。

图 2-3　金背鲤（引自梁志强）

4. 乳源石鲤

品种来源：乳源石鲤为广东省韶关市乳源瑶族自治县大桥镇当地传统养殖的禾花鲤品种，以成熟个体体形较小著称，群众称之为"石鲤"。

特征特性：乳源石鲤在口感上，具有肉质细嫩、口感爽滑、无土腥味、味道鲜甜的特点，且具有鲜明的地域特色。乳源石鲤体形短圆、尾柄较短、跳跃逃逸能力弱，适合在稻田中养殖，具有生长快、成活率高、规格整齐等优点，而且鱼骨较软。以该品种为基础群体，采用群体选育技术，经连续 5 代选育出了适宜稻田养殖的国家水产新品种"乳源 1 号"（图 2-4）。

图 2-4　乳源石鲤（引自梁志强）

5. 乌鲤

品种来源：原产于广西桂林，是我国独有的土著鱼类，又称禾花乌鲤、禾花鱼。

特征特性：乌鲤是经过长期驯养选育出来的稻田养殖品种，其形态和生活习性已与一般鲤鱼有明显的区别。其体形为粗短的梭形，全身呈紫黑色，鱼鳞细小，腹部淡紫色，鱼皮薄而透明，隐约可见内脏。刺少肉多，肉质细嫩，鲜香清甜，鱼鳞细腻可食，骨骼较软，无泥土腥味，蛋白质含量高，深受消费者喜爱和市场的欢迎。禾花乌鲤体形小、食性杂、生长快、抗逆性强、养殖病害少，很适合稻田等小水体养殖，目前广西和湖南等地已开展乌鲤稻田养殖，取得了一定成效（图2-5）。

图 2-5　乌鲤（引自梁志强）

6. 福瑞鲤

品种来源：福瑞鲤是中国水产科学研究院淡水渔业研究中心以建鲤和野生黄河鲤为原始亲本进行杂交，通过1代群体选育和连续4代家系选育后获得的鲤鱼新品种。

特征特性：福瑞鲤生长快，比普通鲤提高20%以上，比建鲤提高13.4%；体形好，体长/体高约为3.65；饲料转化率高；适应环境能力强，耐寒、耐碱、耐低氧；遗传稳定（图2-6）。

图 2-6　福瑞鲤（引自董在杰）

7. 芙蓉鲤鲫

品种来源：在 8%～10% 选择压力下，以连续选育 3 代的散鳞镜鲤为母本、兴国红鲤为父本进行鲤鱼品种间杂交，获得杂交子代芙蓉鲤；再以芙蓉鲤为母本，以同等选择压力下选育 6 代的红鲫为父本进行远缘杂交，得到体形偏似鲫鱼的杂交种芙蓉鲤鲫。

特征特性：该品种生长速度快，在同等条件下，1 龄鱼生长速度比父本快 102.4%，为母本的 83.2%；2 龄鱼比红鲫快 7.8 倍，为母本的 86.2%。肌肉蛋白质含量高于双亲，脂肪含量低于双亲；2～3 龄的芙蓉鲤鲫两性不育。芙蓉鲤鲫体形偏似父本红鲫，与普通鲤鲫杂交鱼相比，芙蓉鲤鲫生长快 20%，提高产量 23%；养殖性状优良，耐低温低氧能力强、耐操作耐运输、起捕率高；肉质优良，口感好、肉多刺少、营养丰富（芙蓉鲤鲫肌肉中粗蛋白、脂肪、鲜味氨基酸和不饱和脂肪酸含量均明显优于普通鲫鱼），深受消费市场和养殖户的青睐。芙蓉鲤鲫两性败育，不但生产中提高了养殖效益，还避免了自交和杂交，保护种质资源（图 2 - 7）。

图 2 - 7　芙蓉鲤鲫（引自李传武）

8. 异育银鲫"中科 3 号"

品种来源：异育银鲫"中科 3 号"是中国科学院水生生物研究所经过多年选育出来的异育银鲫第三代新品种。体色银黑，鳞片紧密，不易脱鳞，具有生长速度快，比高背鲫生长快 13.7%～34.4%，出肉率高 6% 以上；遗传性状稳定，子代性状与亲代不分离；碘泡虫病发病率低，成活率高；与普通异育银鲫相比，异育银鲫"中科 3 号"生长速度提高 15%～25%；饲料系数降低 0.1～0.2，明显降低了养殖成本。

特征特性：异育银鲫"中科 3 号"食性杂，对食物没有偏爱，在人工饲养条件下亦喜好各种商品饲料。有很强的抗逆性，生活适应能力强，具有生长快、个体大、碘泡虫病发病率低等特点，在养殖生产中显示出良好的经济性状（图 2-8）。

图 2-8 异育银鲫"中科 3 号"（引自桂建芳）

9. 湘云鲫 2 号

品种来源：湘云鲫 2 号是利用远缘杂交技术与雌核发育技术相结合，以改良二倍体红鲫为母本，经多代选育培养而得到的四倍体鲫鲤为父本，通过倍间杂交而获得的三倍体新品种。已通过全国水产原种和良种审定委员会的审定。

特征特性：湘云鲫 2 号表现出明显的高背、体长、尾短特征。具有背部高而厚、腹部小的特点，从而大大提高了含肉率。湘云鲫 2 号具有生长速度快、肉质细嫩、味道鲜美、抗逆性强、易捕捞、自身不育等优良特点。其抗逆性主要表现在：①耐低氧能力强。②在近几年的推广养殖中，没有因疾病而发生大量死亡的现象。③抗低温能力强，即使在春季、冬季温度较低的情况下仍然保持生长。湘云鲫 2 号肉质鲜美且水分低，氨基酸种类丰富，人体必需氨基酸和呈味氨基酸含量高，保持了鲫鱼的风味，具有口感鲜美的特点，深受消费者欢迎，是一种理想的养殖商品鱼（图 2-9）。

图 2-9 湘云鲫 2 号（引自刘少军）

10. 洞庭青鲫

品种来源：洞庭青鲫是 2002 年由湖南洞庭水殖公司在其所属的澧县北民湖发现的一种大个、黑体、高背野生鲫鱼。

特征特性：经选育技术研究，发现其在抗逆性和遗传稳定性方面具有明显优势，且具有生长快、蛋白质含量高、味道鲜美、回捕率高等特点（图 2 - 10）。

图 2 - 10　洞庭青鲫（引自杨品红）

11. 彭泽鲫

品种来源：彭泽鲫是我国第一个直接从野生鲫鱼中人工选育出的养殖新品种。彭泽鲫原产于江西省彭泽县丁家湖、芳湖和太泊湖等自然水域。20 世纪 80 年代中期，江西省水产科学研究所等单位对彭泽鲫开展了系统的选育研究。

特征特性：彭泽鲫经过十几年人工定向选育后，遗传性状稳定，具有繁殖技术和苗种培育方法简易、生长快、个体大、营养价值高和抗逆性强等优良特性。经选育后的 F6，比选育前生长速度快 56％，1 龄鱼平均体重可达 200 克。其体形与鲫基本相似，但其体长、背低、头小，体色较深，侧线鳞在 30 片以上。彭泽鲫为底层杂食鱼类，喜食水中天然饵料，也爱食麦麸、糠饼及配合饲料；易起捕，易繁殖（图 2 - 11）。

图 2 - 11　彭泽鲫（引自张慈军）

12. 合方鲫

品种来源：湖南师范大学的省部共建淡水鱼类发育生物学国家重点实验室以日本白鲫为母本、红鲫为父本的杂交第一代，取名为合方鲫，于 2017 年经过全国水产原种和良种审定委员会审定为水产新品种。该团队对合方鲫进行了连续传代育种研究，目前已传至第 5 代，成功建立了合方鲫品系。

特征特性：合方鲫外形似野生鲫鱼，生长速度快，其Ⅰ龄平均体重可达 350 克/尾；其Ⅱ龄平均体重可达 750 克/尾；合方鲫肉质鲜嫩，营养价值高。另外，合方鲫具有较高受精率（90.2%）和孵化率（81.5%），适合规模化生产。合方鲫结合了母本白鲫、父本红鲫的优点，体型方正、外形美观。合方鲫具有生长速度快、肉质鲜嫩、抗逆性强等优势。以合方鲫为母本、日本白鲫为父本进行回交制备了合方鲫 2 号。合方鲫品系的外形特征与合方鲫之间无显著性差异；合方鲫 2 号具有头小背高、体色与野生鲫接近、生长速度快（Ⅰ龄合方鲫 2 号平均体重可达 556 克/尾）、抗逆性强、肉质甜美、蛋白含量高（17.9%）、呈味氨基酸含量高（6.53%）等优点，适合在池塘、稻田及藕田等环境中养殖，适应能力强，生长速度快（图 2 - 12、图 2 - 13）。

图 2 - 12　合方鲫（引自刘少军）

图 2‑13　　合方鲫 2 号（引自刘少军）

第三章　稻田养鱼水稻栽培技术

第一节　水稻栽培技术

中国是世界上水稻品种最早有文字记载的国家。《管子·地员》中记录了 10 个水稻品种的名称和它们适宜种植的土壤条件。早期水稻的种植主要是"火耕水耨"。东汉时水稻技术有所发展，南方已出现比较先进的耕地、插秧、收割等操作技术。唐代以后，南方稻田由于曲辕犁的使用而提高了劳动效率和耕田质量，逐步形成一套适用于水田的耕—耙—耖整地技术。到南宋时期，《陈旉农书》中对于早稻田、晚稻田、山区低湿寒冷田和平原稻田等都已提出整地的具体标准和操作方法，整地技术更臻完善。为了保持稻田肥力，南方稻田早在 4 世纪时已实行冬季种植苕草，后发展为种植紫云英、蚕豆等绿肥作物。沿海棉区从明代起提倡稻、棉轮作，对水稻、棉花的增产和减轻病虫害都有作用。历史上逐步形成的上述耕作制度，是中国稻区复种指数增加、粮食持续增产，而土壤肥力始终不衰的重要原因。目前从育秧与否来分，水稻栽培主要分为直播栽培和育秧栽培，其中育秧栽培又可分为手工移栽、机插和抛秧栽培。

一、直播栽培

水稻直播栽培是指在水稻栽培过程中省去育秧和移栽作业，在本田里直接播种、培育水稻的技术。与移栽水稻相比，具有省工、省力、省秧田，生育期短，高产高效等优点。适合大规模种植，因此，呈现出逐渐发展扩大的趋势。

1. 整地施肥

直播稻对整田要求较高，要做到早翻耕，耕翻时每公顷施腐熟有机肥 11 250 千克、高效复合肥 225 千克、碳铵 450 千克作底肥。田面整平，高低落差不超过 3 厘米，残茬物少。一般每隔 3 米左右开 1 条畦沟，作为工作行，以便于施肥、打农药等田间管理。开好"三沟"，做到横沟、竖沟、围沟"三沟"相通，沟宽 0.2 米左右、深 0.2～0.3 米，使田中排水、流水畅通，田面不积水。等泥浆沉实后，排干水，厢面晾晒 1～2 天后播种。

2. 种子处理

（1）晒种。选择发芽率 95％ 以上的种子，薄薄地摊开在晒垫上，晒 1～2 天，做到勤翻，使种子干燥度一致。

（2）选种。晒种后，剔除混在种子中的草籽、杂质、秕粒、病粒等，选出粒饱、粒重一致的种子，再用食盐水选种。配制食盐水的方法是：10 千克水加入 2～2.1 千克食盐。将种子倒入配制成的液体中漂洗，捞出上浮的秕粒、杂质等，然后用清水冲洗 3 遍。

（3）浸种。浸种的作用在于使种子吸足水分，发芽整齐，出苗早。将选好的种子先用 40 ℃ 的温清水浸种 12 小时，然后用 300 倍石灰水浸种消毒 12 小时，或者用 0.3％ 硫酸铜液浸种 48 小时；消毒后的种子用清水冲洗干净，再用清水浸种 2～3 天，浸泡过程中注意换水透气，等种子颖壳发白时将其捞出，沥去多余的水分。

（4）拌种。浸种后用种衣剂包种，用量为种子量的 0.2％～0.3％，然后阴干备用。

3. 播种

（1）播种时间。适时播种是一播全苗的技术关键。一般直播水稻比移栽水稻迟播 7～10 天，早稻直播适宜播种期为日平均气温稳定在 12 ℃ 以上，长江流域的播种时间为 4 月上中旬；双季晚稻直播期应在 7 月上中旬。

（2）播种量与播种方法。小面积种植，采用人工直播的方法既简单又方便。只要做到均匀播种就能获得均衡出苗生长的效果。常规稻直播每公顷大田播种量为 45～60 千克，用手直播比较容易。但杂交水稻种子每公顷用种量一般为 37.5～45 千克，用手直播难以做到均匀播种。为了播种均匀，可以将常规稻的稻谷炒熟，使其不能再发芽，然后均匀拌入杂交稻的种子内进行播种。有的地方还采用颗粒肥料代替炒熟的稻谷一起播种，效果也很好。如果种植面积较大，也可以采用水稻直播，调整好播种量后，直接进行播种。播种过程中要防止漏播和重复播种。

二、育秧栽培

育秧栽培方式主要有手工移栽、机插、抛秧栽培等方式。水稻育秧目前比较常见的是旱育秧技术；移植栽培主要推广机插和抛秧。

(一) 旱育秧技术

1. 苗床准备

(1) 苗床选择：苗床土壤直接影响旱育大苗秧的成败。因此，旱育大苗必须选用土质肥沃、土层深厚、疏松透气、背风向阳、地势平坦、管理方便、水源条件好的酸性旱地壤质土壤或菜园土作苗床。

(2) 苗床整地：床土在播种前3～5天，开好四周排水沟，沟深50厘米。作厢时按1.6～1.8米开厢，其中厢宽1.2米，厢沟走道宽0.4～0.6米，厢面高10～15厘米，厢长随地面长短而定。精细平整厢面，做到厢平土细。将走道中的床土取出用筛子过筛后备用，于播种后盖土。

(3) 苗床调酸消毒：播种前对整好的床土要浇透水，分2～3次浇，使床土壤湿透，然后用少量过筛细土填平厢面。本田每亩用壮秧剂1千克，在播种前放入厢面，与床土充分混匀，苗期可不再追施敌克松防病。没有用壮秧剂的，苗期必须施1～2次敌克松防治立枯病。

2. 播种量及播种期

(1) 播种量：播种前种子要进行浸种、消毒、催芽。每平方米苗床播破胸谷的用量：60～75天的大苗秧播40克，75天以上的大苗秧播30克。每亩本田60～75天的大苗秧需苗床50平方米；75天以上的大苗秧需苗床60平方米。

(2) 播种期：旱育大苗秧在地膜育水秧的基础上提前7天左右，早稻最低海拔地区3月5日左右播种，海拔每升高100米，推迟播种1～2天。播种后用竹片搭拱覆膜，四周用细泥土封严压实。

3. 苗床管理

(1) 播种至苗期，以保温为主。膜温度高于35℃，要及时打开两头通气降温，降温后及时盖膜。表土干燥发白，补浇少量水。播后5～6天长时间低温阴雨，膜内空气污浊，应在中午打开农膜两头换气。

(2) 出苗至1叶1心期，膜内温度要控制在25℃左右，超过时必须打开两头通风降温。当秧苗长至1叶1心时，每平方米苗床用1克敌克松兑水0.5千克喷雾，防治立枯病。同时用15%多效唑100～150克/米^{3}溶液均匀喷雾，促进分蘖、矮化。

（3）2叶至2叶1心期，膜内温度应控制在20℃左右。晴天，白天膜全揭或半揭，16点前盖好膜；阴天，中午打开1～2小时；雨天，中午打开两头换气一次，但不要让雨水淋到苗床上，膜内气温低于12℃，应注意盖膜，以防冻害。寒潮期间苗床应保持干燥，即使床土有龟裂现象，只要叶片不卷筒，都不必浇水。

（4）2叶1心至3叶1心期，遇寒潮要及时盖膜护苗。3叶时为了适应外界环境，晴天，白天可全天炼苗，除阴天、雨天外，逐步实行日揭夜盖。2叶1心时，每平方米苗床用硫酸铵50克（或尿素25克）、过磷酸钙40克、氯化钾10克，兑水3千克喷洒，再喷清水洗苗，以防灼伤秧苗。在此期间，每平方米用1克敌克松兑水0.5千克喷雾，防治立枯病。

秧苗不论几叶移栽，在秧苗未移栽前不能撤走棚架和农膜，以便下雨时盖膜，保持床土干燥。

4. 大苗移栽

（1）旱育大苗移栽后有早生快发、分蘖多的特点，移栽时每亩窝数看田确定。栽培方式以宽窄行为主，亩栽1.5万窝，单、双株间栽，基本苗8万～10万/亩。

（2）本田施肥方法及施肥量：总施氮量控制在5～7千克/亩，底肥占70%，破口肥占30%。

（3）病虫防治：移栽时用杀菌剂浸秧带药移栽。搞好预测预报，达到防治指标及时防治。

（二）机插秧技术

1. 水稻机插秧技术的优势

与传统人工插秧相比，机插秧的优点有以下几点：一是效率高，机插秧速度可达到人工插秧的10倍，显著缩短了插秧时间，提高水稻种植效率；二是减少育苗时间，机插秧的育苗时间基本为25天左右，缩短了人工插秧育苗时间；三是占地面积少，研究显示机插秧占大田的近1%，人工插秧占大田的10%，使用机插秧可显著节省大田面积，节约占地面积，提高大田的利用率，同时机插秧采用的育苗方式占地面积小，提升了土地利用效率。机插秧还具有插秧质量好，行宽可控等优点。通过控制水稻行宽，可以提高水稻的通风性，提高阳光的利用率，促进水稻根系生长，进而提高水稻质量。研究表明，机插秧的千粒重较人工插秧重，与人工插秧相比，产量提高了5%左右，提高了农业经济效益。

2. 高产栽培要点

（1）适期播种，培育壮秧。

1）适期播种。机插秧秧本比为1∶100，播种密度高，秧苗根系在厚度为2～2.5厘米的薄土层中交织生长，秧龄弹性小，一般掌握在18～20天。机插秧面积大的，要根据插秧机种类、效率和机械数量，合理分批安排播种，确保秧苗适龄栽插。

2）适量精细播种。机插秧苗亩用25～28盘，播3～3.5千克稻种。盘底铺放2～2.5厘米底土，窨足水后，定量播种，一般每平方米播芽谷900～940克，折每盘145～150克。匀撒盖种土，以盖没种子为宜，一般厚度为0.3～0.5厘米。

3）控水旱育。机插育秧秧盘为平底塑盘，水的管理不当，极易造成秧苗蹿高，窜根暴长，机插时根系植伤大，影响抛后爆发力。苗床覆膜盖草，揭膜前秧池排干水，揭膜后保持盘土湿润，严格控水旱育，有利于提高秧苗素质，培育壮秧。

4）化调化控。壮秧剂集营养、调酸、消毒、化控于一体，是塑盘旱育必不可少的专用制剂。使用时，先用少量营养土拌和，均匀撒于盘底，再上底土。使用后，秧苗粗壮，叶色深，绿叶数、带蘖率、鲜重、干重明显增加，秧苗素质好。

（2）精细耕整，科学栽稻。

机插秧采用中小苗栽插，对大田耕整质量要求相对较高，必须精细耕整，达到上软下松，田面平整。

机手要掌握机械性能，熟悉操作程序，调整好技术参数，高质量完成水稻栽插。为了提高机插质量，避免栽插过深或漂秧、倒秧，大田耕整耢平后须经过一段时间淀实。一般沙质土淀实一天左右，壤土淀实1～2天，黏土淀实2～3天，栽插深度掌握在0.5～1厘米。

（3）根据生育特点，合理运筹肥水。

机插水稻实现了定行、定深、定穴、定苗栽植，满足了水稻高产群体质量栽培中宽行、浅栽、稀植的要求。在大田生产中，要根据机插水稻分蘖节位低、分蘖势强、分蘖期长、成穗率低的生育特点，采取相应的肥水管理技术措施，促进早发稳长，走"小群体、壮个体、高积累"的高产栽培路子。

1）控制前期用氮量，增加后期用氮比例。近几年，机插秧的示范推广表明，机插秧具有很强的分蘖爆发力。在肥水运筹上实行"前促、中控、后保"。前促早活棵分蘖，中控高峰苗，形成合理群体，后促保结合，形成大穗，有利于高产稳产。一般 650 千克目标亩产量，总投肥 20～25 千克纯氮，氮：磷：钾为 1：0.3：0.5，基肥、蘖肥、穗肥比例为 3：3：4。前肥后移，有利于巩固分蘖攻大穗，提高成穗率。在肥料的施用上，基肥干耕干整，以水带肥，提高肥料利用率。分蘖肥早施，促早发。穗肥分次施，促花、保花，粒肥兼顾，促保结合，既可扩库，形成较多的总颖花数，又能形成较高的叶粒比，有利于巩固成穗数，提高结实率和千粒重，实现高产稳产。

2）水浆管理是关键。一是坚持薄水栽插，浅水分蘖。机插结束后，要及时灌水护苗。活棵后浅水勤灌，以水调肥、以气促根，达到早发快发。二是适时适度搁田，控制高峰苗。在田间总茎蘖数达预期穗数 90%时，及早搁田。先轻搁，后重搁，搁田控蘖，搁田控氮，改善根际环境，控制高峰苗，形成合理群体。长势偏旺的田块，宜在达成穗数 80%时开始搁田；苗情较差的，可以适当推迟、带肥搁田。三是后期湿润灌溉，保持田面湿润，防止发生倒伏。

（三）抛秧栽培技术

水稻抛秧栽培技术是 20 世纪 60 年代在国外发展起来的一项新的水稻育苗移栽技术。它是采用钵体育苗盘或纸筒育出根部带有营养土块的、相互易于分散的水稻秧苗，或采用常规育秧方法育出秧苗后手工瓣块分秧，然后将秧苗连同营养土一起均匀撒抛在空中，使其根部随重力落入田间定植的一种栽培方法。

1. 栽培技术

（1）育秧前准备：一是备足秧盘。每公顷选用 561 孔的秧盘 525～600 张。二是秧田准备。秧田应选择避风向阳、土壤肥沃、结构良好、排灌方便、黏壤土或壤土的稻田或旱地、菜园。秧田与大田比为 1：40。秧田要施足基肥，要耙细、整平、作厢。三是配制营养土。目前主要采用壮秧剂配制营养土育秧，没有壮秧剂的地方，也可以用复合肥或尿素配制营养土。

（2）种子处理：将谷种用清水预浸 6 小时左右，再用强氯精 500 倍液浸泡 12 小时左右，捞出后用清水洗净。

（3）整地：抛秧本田应达到"平、浅、烂、净"的标准，即田面平整、高低不过寸；水要浅，以现泥为好；土壤要上紧下松，软硬适中，田面无杂物。如果是黏泥田应在犁耙后沉淀 2～3 天，放干明水，抢晴抛栽；如果是沙质田块，则随犁随抛。

（4）播种：将种子均匀播在秧盘上，有条件的地方采用播种器播种。播种后将秧盘紧挨在秧床上排列，注意要把秧盘底部压入秧床，以保证各部分与秧床充分接触。在播种的秧床上撒 1 层营养土，营养土以刚好覆盖种子为宜。

（5）抛栽：左手提盘，右手抓起秧苗 8～10 蔸，轻轻抖散，泥团向上，用力向上抛 2～3 米让其自由落下。根据田块面积和密度确定用秧盘数，先粗抛 2/3，余下 1/3 补稀。抛后每隔 3 米拣出一条人行道，宽 30 厘米。再用竹竿疏密补稀，做到全田大致均匀。

（6）苗期管理：主要抓苗期施肥和病虫害的预防。秧苗 1.5 叶时每公顷用尿素 300 克兑水 30 千克喷施；3.5 叶时每公顷用尿素 600 克兑水 30 千克喷施。苗期的主要病害为立枯病，待 2 叶 1 心时每公顷喷施敌克松 800～1 000 倍液 45 千克。

（7）田间管理：浇水前期要遵循"浅水立苗、薄水促蘖、晒田控蘖"的原则。浅水立苗即抛秧 2～3 天不进水，以利于秧苗扎根；薄水促蘖即灌 2～3 厘米水层，以利于促进有效分蘖；晒田控蘖即苗数足够时晒田，以利于控制无效分蘖。水分管理的后期遵循"深水孕穗、浅水灌浆、断水黄熟"的原则，即保持 5～10 厘米水层以利于孕穗，保持 5 厘米水层以利于灌浆，黄熟时断水以利于籽粒成熟饱满。

抛秧一般不采用底肥"一道清"的施肥方法，因底肥过多，前期生长旺盛，群体过大，引起成穗率下降，后期脱肥又不利于形成大穗。一般每公顷施纯氮（N）150～180 千克、磷（P_2O_5）75～90 千克、钾（K_2O）120～150 千克。施肥方法是"前促、中控、后补"，即底肥 60%～70%，分蘖肥 20%～25%，穗肥 10%～15%。

2. 注意事项

（1）防烧芽：主要注意育秧剂（包括化肥）不过量，营养土要拌匀施匀，糊泥沉实后播种；壮秧剂育秧的必须"分层施肥，上下各半，分层装盘，隔层播种"。

（2）防秧苗徒长：主要方法是用壮秧剂育秧，或用烯效唑浸种，适时喷施多效唑。

（3）防浮秧：主要措施是坚持花泥（遮泥）水抛秧，大风大雨和深水情况下不抛秧。

（4）防不匀：方法是坚持三步抛秧法，第一步抛 70%，第二步拣工作行，第三步抛剩下的 30%。

第二节　水稻需肥规律与施用技术

一、水稻需肥规律

水稻是需肥较多的作物之一，一般每生产稻谷 100 千克需氮（N）1.6～2.5 千克、磷（P_2O_5）0.8～1.2 千克、钾（K_2O）2.1～3.0 千克，氮、磷、钾的需肥比例大约为 2：1：3。

水稻对氮素吸收高峰期在分蘗旺期和抽穗开花期；如果抽穗前供氮不足，就会造成籽粒营养减少，灌浆不足，降低稻米品质。

水稻对磷吸收最多时期在分蘗至幼穗分化期。磷肥能促进根系发育和养分吸收，增强分蘗，增加淀粉合成，促进籽粒充实。

水稻对钾吸收最多时期是穗分化至抽穗开花期，其次是分蘗至穗分化期。钾是淀粉、纤维素的合成和体内运输时必需的营养，能提高根的活力、延缓叶片衰老、增强抗御病虫害的能力。

稻田养鱼施肥的原则应是以基肥为主，追肥为辅；农家肥为主，化肥为辅，要少量多次。应选择肥效迅速、对鱼类毒性较小的肥料，如尿素、复合肥等，对鱼类有较大毒害的氨水和碳酸氢铵最好作基肥。有机肥施入稻田后分解较为缓慢，肥效时间长，有利于满足水稻较长生长阶段内对养分的基本要求，同时施有机肥能为养殖鱼类提供部分天然饵料，满足鱼的生长需要。如果有机肥施多了可起到减少化肥用量作用。值得注意的是，有机肥未发酵施入大田后要消耗大量氧气，同时产生硫化氢、有机酸等有毒有害物质，数量过多会直接威胁稻田放养的鱼类安全。基肥的用量是每亩田每季稻施 500 千克。稻田养鱼后，因为鱼类排泄物可起增肥作用，所以稻田的追肥用量应相应减少，一般掌握在总施肥量的30％即可。

二、科学施肥技术

1. 施肥原理

合理的稻田施肥，不仅可以满足水稻生长对肥分的需要，而且能增加稻田水体中的饵料生物量，为鱼类生长提供饵料保障。由于施肥的种类、数量及方式的不同，均要确保鱼类安全，不致造成肥害。施肥后一部分肥料溶解在水中，部分被土壤吸收，部分被水稻吸收。水稻吸收肥料是通过稻根的毛细管吸收溶于水中的肥料，其作用是直接的。而肥料对养鱼来讲也是有作用的，具体反应在三个方面：一是施肥后养分被浮游植物吸收，通过光合作用，大量繁殖的浮游植物作为鱼的饵料被鱼摄食；二是以浮游植物、细菌、有机碎屑为食的浮游动物作为鱼饵料被鱼摄食。

2. 施足基肥

开展稻鱼种养的稻田在秧苗移栽前要施足基肥，基肥品种以有机肥为好，最好是饼肥，时效长、效果好。一般可亩施人粪尿 250～500 千克，饼肥 150～200 千克，缺少有机肥的地区也可用无机肥补充，总施用量以基本保证水稻全生育期的生长需要为宜。

3. 少施追肥

开展稻鱼共生的稻田，由于鱼类粪便排泄物及残饵含有丰富的氮磷等营养元素，可作为缓施肥被水稻吸收利用。如养殖容量合理（50 千克/亩左右），可基本满足水稻生育期营养需要。如鱼类产量较低（30 千克/亩以下），一般全年生育期补施 1～2 次追肥，每次每亩用尿素 2.5 千克左右。

4. 施肥方法

（1）应根据肥料的特性具体对待。对于氨水和碳酸氢铵作为基肥时，应在施肥 1 周后才能放鱼苗。在施肥过程中，应先把田水放浅，把鱼赶到鱼沟或鱼坑里再施肥，之后加深田水，这样不影响鱼类生长，还能促使禾苗更充分吸收肥料养分。

（2）肥料不能撒在鱼类集中的地方，如鱼坑、鱼沟内，以免鱼类误食肥料。施用化肥时，应将养鱼田块分 2 次或 3 次进行，即将大田先施肥一部分，再施肥一部分，使留下的一部分田块内的鱼类有空间活动与摄食。

（3）施用粉状肥料时，为了不使肥料入水后将水体弄得过肥而坏水，应选择在有露水的白天清晨进行施肥。施用液态肥料时，应趁下午太阳将稻禾晒得很干时用喷雾器将肥料喷洒在禾苗上，喷成雾状，禾苗便可吸收肥料而起到上肥的作用。施用固体肥料时，将肥料直接施入稻禾边的泥中，慢慢释放，避免鱼类误食肥料而造成死亡，这样也不会把田水弄得过肥。

（4）注意晴天施肥应采取少量多次的办法，一次施肥不要过多，阴雨天气不能施肥，闷热天气下鱼类浮头时也不能施肥。

（5）养鱼稻田施肥除考虑水稻生长用肥，还必须兼顾鱼类施肥安全。在水温 28 ℃以下，水深 6 厘米以上，每亩用量硫酸铵 10～20 千克，尿素 6～8 千克，硝酸钾 4～6 千克，过磷酸钙 5～10 千克（追肥总量控制在 30％左右）对养鱼是安全的。

5、注意事项

（1）要适温施肥。水稻适宜生长的水温范围为 15～32 ℃，随水温升高，肥料利用速率越快。在 25～30 ℃时，肥料利用速率最大。对养鱼来讲，高温施肥，由于肥料分解快，毒性强，容易使鱼中毒死亡。某农户曾在水温 36 ℃时亩施尿素 2.5 千克，结果田鱼全部死亡。如果非在高温期施肥不可，可采取少量多次、大田分半施肥等方法解决比较妥当。

（2）晴天施肥。晴天是施肥最佳时期，原因是光合作用强，对稻鱼均有利；雨天不要施，原因是光合作用弱。

（3）天闷不要施肥，以免鱼缺氧。

（4）不要混水施肥，以免肥效损失大。

（5）一次性施足基肥，以后不用再施追肥，可解决因施追肥而伤鱼的事故发生。

第三节　水稻常见病虫害与防控技术

一、水稻常见病虫害

（一）水稻常见病害

1. 恶苗病

恶菌病是由半知菌亚门串珠镰孢引起的真菌性病害。病谷粒播后常不发芽或不能出土。苗期发病病苗比健苗细高，叶片叶鞘细长，叶色淡黄，根系发育不良，部分病苗在移栽前死亡。在枯死苗上有淡红色或白色霉粉状物，即病原菌的分生孢子。本田期发病：节间明显伸长，节部常有弯曲露于叶鞘外，下部茎节逆生多数不定须根，分蘖少或不分蘖。剥开叶鞘，茎秆上有暗褐条斑，剖开病茎可见白色蛛丝状菌丝，以后植株逐渐枯死。湿度大时，枯死病株表面长满淡褐色或白色粉霉状物，后期生黑色小点，即病菌囊壳。病轻的提早抽穗，穗形小而不实。抽穗期谷粒也可受害，严重的变褐，不能结实，颖壳夹缝处生淡红色霉，病轻的不表现症状，但内部已有菌丝潜伏。

2. 稻瘟病

稻瘟病是由半知菌亚门灰梨孢属引起的真菌性病害。主要为害叶片、茎秆、穗部。因为害时期、部位不同分为苗瘟、叶瘟、节瘟、穗颈瘟、谷粒瘟。苗瘟发生于 3 叶前，由种子带菌所致。病苗基部灰黑，上部变褐，蜷缩而死，湿度较大时病部产生大量灰黑色霉层，即病原菌分生孢子梗和分生孢子。叶瘟在整个生育期都能发生。分蘖至拔节期为害较重。由于气候条件和品种抗病性不同，病斑分为慢性型、急性型、白点型、褐点型病斑 4 种类型。节瘟常在抽穗后发生，初在稻节上产生褐色小点，后渐绕节扩展，使病部变黑，易折断。发生早的形成枯白穗。仅在一侧发生的造成茎秆弯曲。穗颈瘟初期形成褐色小点，扩展后使穗颈部变褐，也造成枯白穗，发病晚的造成秕谷，枝梗或穗轴受害造成小穗不实。谷粒瘟表现为谷粒产生褐色椭圆形斑或不规则斑，可使稻谷变黑。有的颖壳无症状，护颖受害变褐，使种子带菌。

3. 白叶枯病

白叶枯病由水稻黄单胞菌引起的细菌性病害，又称白叶瘟、地火烧、茅草瘟。整个生育期均可受害，苗期、分蘖期受害最重，各个器官均可染病，叶片最易染病。其症状因病菌侵入部位、品种抗病性、环境条件不同而有较大差异。典型的叶枯型症状，一般在分蘖期后才较明显。发病多从叶尖或叶缘开始，初现黄绿色或暗绿色斑点，后沿叶脉从叶缘或中脉迅速加长扩展成条斑，可达叶片基部和整个叶片，病健交界处明显，呈波纹状（粳稻）或直线状（籼稻）。病斑黄色或略带红色，最后变为灰白色或黄白色，病部易见蜜黄色珠状菌脓。

4. 立枯病

立枯病分病理性立枯病和生理性立枯病 2 种。病理性立枯病是由半知菌亚门瘤座菌目镰孢菌属真菌侵染引起的，多发生于立针期至 3 叶期，病苗心叶枯黄，叶片不展，种子和茎基交界处常有霉层，茎基软腐烂，根变成黄褐色。用手拔苗，秧苗茎基部断裂，根系留在苗床里。生理性立枯病主要是苗期管理不当造成的，多发生在离乳期，其症状表现为病苗叶尖无露珠，心叶上部叶片打绺，秧苗黄、瘦、弱，根部变褐色，根毛、白根减少或无根毛，用手拔发病秧苗时，连根拔出。

5. 稻曲病

稻曲病是由半知菌亚门引起，属真菌性病害。水稻生长后期在穗部发生的一种病害，该病菌为害穗上部分谷粒，轻则一穗中出现 1～5 颗病粒，重则多达数十粒，病穗率可高达 10%以上。病粒比正常谷粒大 3～4倍，整个病粒被菌丝块包围，颜色初呈橙黄，后转墨绿；表面初呈平滑，后显粗糙龟裂，其上布满黑粉状物。

6. 稻粒黑粉病

稻粒黑粉病由狼尾草腥黑粉菌为害水稻谷粒的一种真菌病害。主要发生在水稻扬花至乳熟期，只为害谷粒，每穗受害 1 粒或数粒乃至数十粒，一般在水稻近成熟时显症。染病稻粒呈污绿色或污黄色，其内有黑粉状物，成熟时腹部裂开，露出黑粉，病粒的内外颖之间具一黑色舌状凸起，常有黑色液体渗出，污染谷粒外表。扒开病粒可见种子内局部或全部变成黑粉状物。

7. 稻胡麻斑病

稻胡麻斑病由半知菌亚门稻平脐蠕孢引起的真菌病害。种子芽期受害，芽鞘变褐，芽未抽出，子叶枯死。苗期叶片、叶鞘发病多为椭圆病斑，如胡麻粒大小，暗褐色，有时病斑扩大连片呈条形，病斑多时秧苗枯死。成株叶片染病初为褐色小点，渐扩大为椭圆斑，如芝麻粒大小，病斑中央褐色至灰白色，边缘褐色，周围有深浅不同的黄色晕圈，严重时连成不规则大斑。病叶由叶尖向内干枯，潮湿时，死苗上产生黑色霉状物。叶鞘上染病病斑初椭圆形，暗褐色，边缘淡褐色，水渍状，后变为中心灰褐色的不规则大斑。穗颈和枝梗发病受害部暗褐色，造成穗枯。谷粒染病早期受害的谷粒灰黑色扩至全粒造成秕谷。后期受害病斑小，边缘不明显。病重谷粒质脆易碎。气候湿润时，上述病部长出黑色绒状霉层。

8. 南方水稻黑条矮缩病

病原为南方水稻黑条矮缩病毒。水稻各生育期均可感病。苗期症状：水稻植株表现为矮缩，叶色深绿，叶片僵直。分蘖期症状：水稻植株矮缩，分蘖增多，叶片直立，叶色浓绿。拔节期后症状：水稻植株表现严重矮化，高节位分蘖，叶色浓绿，叶片皱缩，茎秆上有倒生根和白色蜡条，严重时蜡条为黑色，不抽穗或抽半包穗，谷粒空秕。

（二）水稻常见虫害

1. 稻飞虱

稻飞虱常见种类有褐飞虱、白背飞虱和灰飞虱。稻飞虱对水稻的为害，除直接刺吸汁液，使生长受阻，严重时稻丛成团枯萎，甚至全田死秆倒伏外，产卵也会刺伤植株，破坏输导组织，妨碍营养物质运输并传播病毒病。

2. 二化螟

在分蘖期受害造成枯鞘、枯心苗，在穗期受害造成虫伤株和白穗，一般年份减产 3%～5%，严重时减产在三成以上。

3. 三化螟

三化螟为害造成枯心苗，苗期、分蘖期幼虫啃食心叶，心叶受害或失水纵卷，稍褪绿或呈青白色，外形似葱管，称作假枯心，把卷缩的心叶抽出，可见断面整齐，多可见到幼虫，生长点遭破坏后，假枯心变黄死去成为枯心苗，这时其他叶片仍为青绿色。受害稻株蛀入孔小，孔外无虫粪，茎内有白色细粒虫粪。

4. 稻纵卷叶螟

以幼虫为害水稻，缀叶成纵苞，躲藏其中取食上表皮及叶肉，仅留白色下表皮。苗期受害影响水稻正常生长，甚至枯死；分蘖期至拔节期受害，分蘖减少，植株缩短，生育期推迟；孕穗后特别是抽穗到齐穗期剑叶被害，影响开花结实，空壳率提高，千粒重下降。

5. 稻蓟马

成虫、若虫以口器锉破叶面，成微细黄白色斑，叶尖两边向内卷折，渐及全叶卷缩枯黄，分蘖初期受害重的稻田，苗不长、根不发、无分蘖，甚至成团枯死。晚稻秧田受害更为严重，常成片枯死，状如火烧。穗期成虫、若虫趋向穗苞，扬花时，转入颖壳内，为害子房，造成空瘪粒。

6. 稻瘿蚊

幼虫吸食水稻生长点汁液，致受害稻苗基部膨大，随后心叶停止生长且由叶鞘部伸长形成淡绿色中空的葱管，葱管向外伸形成"标葱"。水稻从秧苗到幼穗形成期均可受害，受害重的不能抽穗，几乎都形成"标葱"或扭曲不能结实。

7. 稻苞虫

幼虫吐丝缀叶成苞，并蚕食，轻则造成缺刻，重则吃光叶片。严重发生时，可将全田，甚至成片稻田的稻叶吃完。

二、防控技术

（一）非化学防治技术

1. 选用抗（耐）性品种

选用抗（耐）稻瘟病、稻曲病、白叶枯病、条纹叶枯病、褐飞虱、白背飞虱的水稻品种，避免种植高（易）感品种。合理布局种植不同遗传背景的水稻品种。

2. 农艺措施

（1）翻耕灌水灭蛹。利用螟虫化蛹期抗逆性弱的特点，在越冬代螟虫化蛹期统一翻耕冬闲田、绿肥田，灌深水浸没稻桩 7～10 天，降低虫源基数。

（2）健身栽培。加强水肥管理，适时晒田，避免重施、偏施、迟施氮肥，增施磷钾肥，提高水稻抗逆性。

（3）清洁田园。稻飞虱终年繁殖区晚稻收割后立即翻耕，减少再生稻、落谷稻等冬季病毒寄主植物。

3. 生态工程

田埂留草，为天敌提供栖息地；田埂种植芝麻、大豆、波斯菊等显花植物，保护和提高寄生蜂和黑肩绿盲蝽等天敌的控害能力；路边沟边种植香根草等诱集植物，减少二化螟和大螟的种群基数。

4. 性信息素诱杀

越冬代二化螟、大螟始蛾期开始，集中连片使用性诱剂，通过群集诱杀或干扰交配来控制害虫基数。选用持效期 2 个月以上的诱芯和干式飞蛾诱捕器，平均每亩放置 1 个，放置高度以诱捕器底端距地面 50～80厘米为宜。

5. 稻螟赤眼蜂控害

二化螟、稻纵卷叶螟蛾始盛期释放稻螟赤眼蜂，每代放蜂 2～3 次，间隔 3～5 天，每次放蜂 10 000 头/亩。每亩均匀放置 5～8 个点，放蜂高度以分蘖期蜂卡高于植株顶端 5～20 厘米、穗期低于植株顶端 5～10 厘米为宜。

6. 稻鸭共育

水稻分蘖初期，将 15～20 天的雏鸭放入稻田，每亩放鸭 10～30 只，水稻齐穗时收鸭。通过鸭子的取食活动，减轻纹枯病、稻飞虱、福寿螺和杂草等发生为害。

7. 物理阻隔育秧

在水稻秧苗期，采用 20～40 目防虫网或 15～20 克/米² 无纺布全程覆盖，阻隔稻飞虱，预防病毒病。

（二）建议用药品种

选用高效、低毒、低残留、广谱性的农药，养鱼稻田禁止选用对鱼类有剧毒的农药。应选用对病虫害高效、对鱼类低毒及低残留的农药。通常多选用水剂或油剂、粉剂农药。

防治二化螟、大螟，优先采用苏云金杆菌（Bt）、金龟子绿僵菌CQMa421，化学药剂可选用氯虫苯甲酰胺、甲氨基阿维菌素苯甲酸盐、甲氧虫酰肼。

防治稻飞虱，种子处理和带药移栽应用吡虫啉、噻虫嗪（不选用吡蚜酮，延缓其抗性发展）；喷雾选用金龟子绿僵菌CQMa421、醚菊酯、烯啶虫胺、吡蚜酮。

防治稻纵卷叶螟，优先选用苏云金杆菌、甘蓝夜蛾核型多角体病毒、球孢白僵菌、短稳杆菌、金龟子绿僵菌CQMa421等微生物农药，化学药剂可选用氯虫苯甲酰胺、四氯虫酰胺、茚虫威等。

防治稻瘟病，选用枯草芽孢杆菌、多抗霉素、春雷霉素、井冈·蜡芽菌、申嗪霉素等生物农药或三环唑、丙硫唑等化学药剂。

防治纹枯病、稻曲病，采用井冈·蜡芽菌、井冈霉素A（24%A高含量制剂）、申嗪霉素等生物药剂或苯甲·丙环唑、氟环唑等化学药剂。

预防细菌性基腐病、白叶枯病等细菌性病害选用枯草芽孢杆菌、噻霉酮、噻唑锌。

（三）合理用药技术

1. 在落实非化学防治技术的基础上，抓住关键时期实施药剂防治

一是普及种子处理。采用咪鲜胺、氰烯菌酯、乙蒜素浸种，预防恶苗病和稻瘟病；用吡虫啉等种子处理剂拌种，预防秧苗期稻飞虱、稻蓟马及飞虱传播的南方水稻黑条矮缩病、锯齿叶矮缩病、条纹叶枯病和黑条矮缩病等病毒病。二是带药移栽，减少大田前期用药。秧苗移栽前2～3天，施用内吸性药剂，带药移栽，预防螟虫、稻瘟病、稻蓟马、稻飞虱及其传播的病毒病。三是做好穗期保护。水稻孕穗末期至破口期，根据穗期主攻对象综合用药，预防稻瘟病、纹枯病、稻曲病、穗腐病、螟虫、稻飞虱等病虫。

稻飞虱。长江中下游稻区重点防治褐飞虱和白背飞虱。药剂防治重点：在水稻生长中后期，对孕穗期百丛虫量1 000头、穗期百丛虫量1 500头以上的稻田施药。

稻纵卷叶螟。防治指标：分蘖期百丛水稻束叶尖150个，孕穗后百丛水稻束叶尖60个。生物农药施药适期为卵孵化始盛期至低龄幼虫高峰期。

螟虫。防治二化螟，分蘖期于枯鞘丛率达到 8%～10% 或枯鞘株率 3% 时施药，穗期于卵孵化高峰期施药，重点防治上代残虫量大、当代螟卵盛孵期与水稻破口抽穗期相吻合的稻田；防治三化螟，在水稻破口抽穗初期施药，重点防治每亩卵块数达到 40 块的稻田。

稻瘟病。防治叶瘟在田间初见病斑时施药；破口抽穗初期施药预防穗瘟，气候适宜病害流行时齐穗期第 2 次施药。

纹枯病。水稻分蘖末期至孕穗抽穗期施药。

稻曲病。在水稻破口前 7～10 天（10% 水稻剑叶叶枕与倒 2 叶叶枕齐平时）施药预防，如遇多雨天气，7 天后第 2 次施药。

病毒病。预防南方水稻黑条矮缩病、锯齿叶矮缩病、黑条矮缩病、条纹叶枯病，主要在秧田和本田初期及时施药，防止带毒稻飞虱迁入。注意防治前作麦田、田边杂草稻飞虱。

细菌性基腐病、白叶枯病。田间出现发病中心时立即用药防治。重发区在台风、暴雨过后及时施药防治。

2. 掌握农药正常使用量和对鱼类的安全浓度

综合种养突出以稳粮为主，如果片面追求所谓"绿色生态"，不敢用药、不会用药，会导致水稻产量完全得不到保障，给大面积水稻生产及我国粮食安全带来一定风险。因此，解决稻渔综合种养模式下水稻安全用药问题是决定种养技术是否成功的关键因素之一。稻渔共作模式下，水稻和水生经济动物在一定程度上可以实现互利共生，然而在大面积生产中，水生经济动物对水稻病虫草害的控制能力有限，规模化生产下仍需借助药剂防控来保证水稻产量。目前大部分药剂包装没有明确对水生经济动物的安全浓度，导致农民对药剂选择困难。因此部分学者开展了稻田常用药剂对水生经济动物的的毒性测定，为稻渔综合种养模式农药安全施用提供一定的参考。

王召等学者研究了 7 种稻田常用杀虫剂——噻虫嗪、噻嗪酮、吡蚜酮、溴氰菊酯、吡虫啉、毒死蜱和三唑磷对鲫幼鱼的急性毒性，结果如表 3-1。根据国家环保局制定的《化学农药环境安全评价试验准则》中农药对鱼类的毒性分级标准，判断 5 类 7 种杀虫剂对鲫幼鱼的安全性。结果表明，新烟碱类吡虫啉、噻虫嗪和三嗪酮类吡蚜酮对鲫幼鱼为低毒。供试杂环类噻嗪酮和有机磷类三唑磷对试验鱼类毒性相对较小，为中毒。供试有机磷类杀虫剂毒死蜱对鲫幼鱼毒性较大，为高毒。所试菊酯类杀虫剂溴氰菊酯对试验鱼类毒性最大，为剧毒。

表 3-1　试杀虫剂对鲫幼鱼的安全性评价

类型	杀虫剂	毒性评价
新烟碱类	吡虫啉	低毒
新烟碱类	噻虫嗪	低毒
有机磷类	毒死蜱	高毒
有机磷类	三唑磷	中毒
菊酯类	溴氰菊酯	剧毒
杂环类	噻嗪酮	中毒
三嗪酮类	吡蚜酮	低毒

吕进等学者选取常规种植模式下对稻飞虱、稻纵卷叶螟以及水稻纹枯病、稻曲病、稻瘟病、细菌性病害防效较好的 6 种常用农药，在室内采用静态试验法测定农药对黑鱼的安全性，结果如表 3-2。结果表明，氯虫苯甲酰胺、吡蚜酮、井冈霉素、噻菌铜对黑鱼低毒；春雷霉素和氯虫·噻虫嗪在大田登记推荐剂量下对黑鱼低毒。

表 3-2　不同农药处理后的黑鱼死亡率及农药对黑鱼的毒性判定

供试药剂	处理 96 h 后死亡率 / %	有效成分水中溶解度 / (mg/g)	国标限度试验浓度 / (mg/L)	有效成分浓度 / (mg/L)	农药毒性判定
20%氯虫苯甲酰胺	0	1.0	1.0	80	低毒
40%氯虫·噻虫嗪	0	1.0/4 100	1.0/100	66.7/66.7	低毒
50%吡蚜酮	0	250	100	333.3	低毒
28%井冈霉素	0	62	62	700	低毒
20%噻菌铜	0	—	—	1 006.7	低毒
2%春雷霉素	2.5	125 000	100	80	低毒
清水对照	0	—	—	—	—

随着稻渔综合种养模式的推广，稻田套养的水生生物种类越来越多，稻鱼共生模式下水稻病虫害应急防控如何选择农药是公认的难题。因为杀虫剂对水生生物的影响是复杂的，所以在评价某一种杀虫剂对水生生物是否安全，还需进一步结合实际环境做全面而深入的试验探索。

（四）注意事项

（1）昆虫信息素诱杀害虫，应大面积连片应用。

（2）应用生物药剂品种时，施药期应适当提前，确保药效。

（3）稻鱼等农业生态种养区和临近种桑养蚕区，需慎重选用药剂；水稻扬花期慎用新烟碱类杀虫剂（吡虫啉、啶虫脒、噻虫嗪等），减少对授粉昆虫的影响；破口抽穗期慎用三唑类杀菌剂，避免药害。

（4）提倡不同作用机制药剂合理轮用与混配，避免长期、单一使用同一药剂。严格按照农药使用操作规程，遵守农药安全间隔期，确保稻米质量安全。提倡使用高含量单剂，避免使用低含量复配剂。稻-鱼-虾混养稻田禁止使用含拟除虫菊酯类成分的农药，慎重使用有机磷类农药。

（5）养鱼稻田在施用农药前，应逐渐排水把鱼类集中到鱼坑、鱼沟里，排水的目的是将鱼类赶到水深的鱼坑里去。将鱼类赶到鱼坑后，还应加深水位，扩大鱼坑载鱼量。鱼类进入鱼坑后，要隔绝鱼坑与稻田的沟通，避免农药流进鱼坑而毒死鱼类。提高水位，降低农药浓度，在施用农药的稻田里进水，提高水位到8厘米以上，这样施用农药时一旦有药物进入水体则稀释了药物的浓度，减少其对鱼类的危害。在稻田里施用农药，一定要注意将药物施入水稻所在水体内。施放农药前，先疏通鱼凼（溜）、鱼沟，然后加深田间水位或使田间水体呈微流水状态，施农药时以便于鱼类回避并降低稀释农药浓度。

（6）天气突变、闷热天气时不能施用农药，这是因为气候突变时鱼类会出现一时不适，如果在此时施用农药多会毒死鱼类；下雨天气不能施用农药，这是因为下雨天气时施用的农药会顺着已经被雨打湿了的禾秆流入田中，等于在田水中施用农药，导致鱼类中毒；施用液体农药时应选择晴天下午禾苗晒干时进行，并要求对准禾叶喷洒，而不能朝着田面喷洒，以免药液入水伤鱼；撒施粉剂药物时应选择晴天清晨有露水时进行，可利用露水的湿润黏住农药，从而达到消灭害虫的目的。喷洒时，喷嘴或喷头向上，采用弥雾状、细喷雾，以增加药物在稻株上的黏着力，避免粉、液直接喷入水中。这样既能提高防治病虫害的效果，又可减少药物对鱼类的危害。施药后，如发现鱼类中毒，必须立即加注新水，甚至边灌边排，以稀释水中药物浓度，避免鱼类中毒死亡。

第四节 灌水与晒田管理技术

一、灌水管理技术

水稻生育期的大部分时间都需要灌水，仅在成熟待收获时不需要灌水。

水稻合理灌溉的原则是：深水返青，浅水分蘖，有水壮苞，干湿壮籽。

（一）深水返青

水稻移栽后，根系受到很大损伤，吸引水分的能力大大减弱，这时如果田中缺水，就会造成稻根吸收的水分少，叶片丧失的水分多，导致入不敷出。轻则返青期延长，重则卷叶死苗。因此，禾苗移栽后必须深水返青，以防生理失水，以便提早返青，减少死苗。但是，深水返青并不是灌水越深越好，一般3～4厘米即可。

（二）浅水分蘖

分蘖期如果灌水过深，土壤缺氧闭气，养分分解慢，稻株基部光照弱，对分蘖不利。但分蘖期也不能没有水层。一般应灌1.5厘米深的浅水层，并做到"后水不见前水"，以利协调土壤中水肥气热的矛盾。

（三）有水壮苞

稻穗形成期间，是水稻一生中需水最多的时期，特别是减数分裂期，对水分的反应更加敏感。这时如果缺水，会使颖花退化，造成穗短、粒少、空壳多。所以，稻草孕穗到抽穗期间，一定要维持田间有3厘米左右的水层，保花增粒。

（四）干湿壮籽

水稻抽穗扬花以后，叶片停止长大，茎叶不再伸长，颖花发育完成，禾苗需水量减少。为了加强田间透气，减少病害发生，提高根系活力，防止叶片早衰，促进茎秆健壮，应采取干干湿湿，以湿为主的管水方法，达到以水调气、以气养根、以根保叶、以叶壮籽的目的。

（五）稻田养鱼适宜水深

目前，稻田养鱼过程中保持何种水深仍存在争议，水稻种植专家认为，稻田需要保持浅水灌溉甚至湿润，有利于水稻根系能够获得足量氧气以保持水稻健康生长；而水产养殖专家则提出要保持较深的水层，认为水深有利于鱼的活动和生长。

稻鱼共生生态系统不同于单一水稻栽培生态系统。在单一水稻栽培模式下，除开花灌浆期外，一般推荐浅水灌溉甚至湿润灌溉的栽培模式，以保证水稻生长期，尤其是生育后期根系能够获得足量的氧气以维持根系的活力。稻鱼共生系统则要求适宜的水位深度，既要保证田鱼的基本生长条件，又要符合水稻生长各时期对水的管理要求。

梯田串灌稻田养鱼是具有代表性的稻田养鱼模式，有如下优势：梯田由于地形的原因，能够由下渗水为水层和耕作层输入较多的氧气；稻田养鱼体系下鱼的游动也为水层和耕作层增加溶氧量；梯田串灌为灌溉水增氧提供了物理机制。

根据研究报道，南方山地梯田串灌稻鱼共生系统中，水位深 15 厘米、20 厘米和 25 厘米时稻田水体的水温、溶解氧和 pH 值没有明显差异；水深在 10 厘米和 15 厘米时对水稻不同时期的茎蘖数和株高没有显著性影响；水深在 15～25 厘米范围，水深对水稻产量和田鱼产量影响不显著。

因此建议，在南方山地水源紧张的地区，水位深 10 厘米可以开展稻田养鱼；水源充足的地区，水深 25 厘米稻田养鱼优势明显，同时也不影响水稻正常生长发育。

二、晒田管理技术

水稻是沼泽性植物，其根不是水生根，为满足水稻根对氧气的需要，在水稻生长期必须经常调节水位，干湿兼顾，以促进根系发育，因此，稻田浅灌和晒田是水稻高产栽培的一项重要措施。晒田也叫烤田或晾田，晒田的轻重程度和方法要根据土壤、施肥和水稻长势等情况而定，但晒田对鱼类生长不利，鱼类需要水位高、活动空间大，而水位稳定的环境又不利于水稻生长。因此，稻田养鱼必须创造一个稻、鱼互利的环境条件。

水稻田对水位的要求是前期水浅，中、后期适当加深水位。前期水浅，此时鱼体小，对鱼的活动影响不大；随着水稻生长和鱼类的长大，田水水位也相应加深，基本符合鱼类活动要求。因此稻田浅水勤灌对鱼类影响不大。

水稻通过晒田来控制无效分蘖，促进水稻根系向土层深处发展，以保障植株健壮、防止倒伏、提高产量，但排水晒田对稻田中鱼类的生长有一定影响，要解决这一矛盾，除要求轻晒田外，应从水稻栽培和开挖沟、溜等综合措施入手，即培育多蘖壮苗，特别是培育大苗栽插，栽足预计穗数的基本茎蘖苗，这样可以减少无效分蘖的发生。施肥实行蘖肥底施，严格控制分蘖肥料的用量，特别是无机氮肥的用量，使水稻前期不猛发，达到稳发稳长，群体适中，这样可以减少晒田次数和缩短晒田时间。此外，水稻根系有70%～90%分布在表层20厘米之内的土层，而开挖鱼沟要求深不少于50厘米，鱼溜深不少于100厘米，晒田时，把鱼沟里的水位降低20厘米，这样既可达到水稻晒田时促下控上的目的，又不影响鱼类正常生长。晒田时要慢慢放水，使鱼有充足的时间游进鱼沟、鱼坑。另外，在此期间要注意观察鱼情，发现情况，要及时向鱼沟、鱼坑内加注新水，并在晒田后及时复水。

第四章　稻田鱼类养殖技术

第一节　养鱼稻田的选择

　　国内外，在学术上对稻田养鱼的起源时间没有定论，但是以我国稻田养鱼的历史最为悠久，仅仅从有文献记载的三国时期算起，我国的稻田养鱼至今也有 1 700 多年的历史。在新中国成立之初及之前，由于自然条件、科学技术等方面原因的限制，稻田养鱼只是小范围内自给性的农事活动，发展力度不大。改革开放以来，特别是近年来，稻田养鱼得到了较大的发展，稻鱼示范基地增多，稻田养鱼科学技术显著提高并逐渐推广应用，政府支持力度加大，农民经营意识加强，稻田养鱼的经营模式也有所增加，"稻鱼共生""稻鱼轮作"两种稻田养鱼模式得到发展，稻田养鱼经营与旅游业结合、与扶贫结合、与优质农产品生产结合、与美丽乡村建设结合，相得益彰，整个经营方式相较于以前有了较大的进步与完善。

一、种植区域

　　稻田养鱼的种植区域没有针对性特别强的要求，重要的是对稻田的要求，要选择水源充足，水质好无污染，灌排方便，耕作层深厚不漏水的田；同时满足地势低平，防洪抗旱能力强，保水保肥能力必须要好；特别要做好稻田的改造工作，稻田不仅要保证水稻的正常生长，也要形成适宜的养鱼环境，原有稻田必须经过改造以后才能满足稻、鱼两方面的需求。就区域而言，在满足稻田要求的同时，现阶段适宜在我国推行稻田养鱼的区域：第一，对于农民种植水稻积极性不高的区域，推行稻田养鱼模式，可以提高农民的积极性；第二，对于用地紧张的区域，推行稻田养鱼可以实现"一地两用、一水两用"；第三，在区位交通优势相对较好的地方，推进稻田养鱼，发展休闲农业，市场前景较好；第四，在较偏远的山区推进稻田养鱼，可以改善当地的经济结构，增加农民收入。

二、选择原则

我国各地稻田自然条件不同，水稻栽培各异。稻有单季、双季之分，田有肥沃、贫瘠、高地、低洼之别。有的稻田适宜养鱼种，有的稻田可养成鱼。因此改造与准备养鱼稻田时，应注意考虑以下几个原则和要求：

1. 因地制宜

因各地的地形、地势、雨水等自然条件不同，形成了多种类型的稻田养鱼；常见的类型有稻鱼兼作、稻鱼轮作、冬闲田养鱼及全年养鱼等。

稻鱼兼作：包括双季稻兼作养鱼和单季稻兼作养鱼。双季稻兼作养鱼，即早稻插秧后放养鱼种，养至晚稻插秧前收获（或早稻收割后收获）；晚稻插秧后再放养鱼种，养至年底（或晚稻收割后）收获。单季稻兼作养鱼，即水稻插秧后放养鱼种，养至年底收获，是目前主要采用的模式。

稻鱼轮作：即种一季稻，养一季鱼。有三种方式：①早稻插秧后放养鱼种，养至年底收获，下半年不再种稻；②上半年养鱼而不种稻，至晚稻插秧前收获，晚稻时不再养鱼；③早稻收割后放养鱼种，下半年不再种稻，养鱼至年底收获。

冬闲田养鱼：山区梯田需在冬季蓄水，以保证来年春季插秧有水，因此在此类稻田可利用其冬季蓄水养鱼，适当投喂，来年插秧前收获鱼。

全年养鱼：可利用某些水稻低产田，将稻田中临时的窄沟浅溜改为沟溜合一的宽而深的永久性鱼沟，即垄上种稻、沟里养鱼。

2. 水源便利、水质良好

要求水量充足，能确保稻田有足够水量；水质良好无污染，符合渔业养殖水质标准；有独立的排灌渠道，排灌方便，遇旱不干、遇涝不淹。

3. 土质要求

稻田土壤保水力强、不浸水漏水，无污染，以黏性土壤为佳（若稻田土壤为沙壤土则需在田埂加高后用尼龙薄膜进行覆盖护坡），以保持稻田水环境条件相对稳定；另外，要求稻田土壤肥沃，有机质丰富，稻田底栖生物群落丰富，能为鱼类提供丰富的饵料生物。

4. 面积大小

养鱼稻田对稻田的面积没有严格限制，以方便管理为宜。

5. 光照条件

光照充足，同时又有一定的遮阴条件，水稻和鱼类生长都需要良好的光照，但稻田水浅，水温上升快，夏季田间水温常常可达 38 ℃以上，而水温超过 35 ℃即会严重影响鱼类的正常生长，因此需在鱼溜上方搭建一定的遮荫设施或搭建种植瓜果蔬棚。

第二节　稻田田间工程技术

一、稻田环境特点

稻田水体不同于池塘水体，其环境特点有以下方面：

1. 水位浅、温差大

稻田水浅，水温受气温影响远比池塘大，昼夜温差明显。在非插秧季节，稻田的水深为 15～20 厘米，冬闲时水位为 50～70 厘米。在插秧季节水深不超过 10 厘米，插秧后，随着水稻管理的进行，稻田浅灌晒田、时干时湿的时间为 30～40 天，这对养鱼极为不利，由于水浅，夏秋季烈日照射之下，田间水温可达 38 ℃，即使水稻能遮蔽大部分太阳直射，但稻田水温的变化仍比池塘大。

2. 水体交换量大、溶氧高

稻田的水浆管理实行浅水勤灌，由于水浅，水体交换量大，水生动物少而水生植物多，大量植物光合作用产氧，加之鱼类密度远低于池塘精养密度，因此稻田不会像池塘那样经常出现水体缺氧，影响鱼类生长的现象。

3. 条件致病菌少

由于稻田中的水经常交换和流动，溶氧高，水质保持清新，这种生态环境不利于致病菌的繁育和感染，加之鱼类放养密度较小，鱼体新陈代谢旺盛，对致病菌的抵抗力较强，因此，稻田养鱼发病较少。

4. 独有的稻田生态系统

稻田生态系统中，浮游生物量少，水生植物、丝状藻类、底栖生物和水生昆虫多。受人为田间生产活动影响很大，特别是施肥，肥料不仅能为水稻生长提供充足养分，也为杂草、底栖生物的生长提供了充足的养分，再加之稻田水浅高温，光照好，为许多水生维管束植物（如稗草、荆三棱、鸭舌草、金鱼藻、轮叶黑藻、水芋、满江红、槐叶萍、小茨藻等）和丝状藻类（如水绵藻、刚毛藻等）创造了良好的生长环境，此外，伴随水稻生长而产生的水稻害虫（如螟虫、稻飞虱等）和以植物有机碎屑为食的底栖动物（如摇蚊幼虫、螺类等）也在田间大量繁殖。但由于稻田采用浅水勤灌，大量植物对营养无机盐类的利用，使得田间水质比池塘清瘦很多，加之水源中各种浮游生物进入稻田后，由于环境骤变而影响浮游生物的生存和繁殖。

二、稻田改造与准备

在稻田进行养鱼前，需要对稻田进行一定改造，改造工程包括：加高加固加宽田埂、开挖鱼沟/溜（凼）、疏通进排水渠道并加设拦鱼设施、搭建遮阴棚等。目的是保证鱼类在田间有栖息、觅食、避害的水域空间，同时又防止鱼类逃逸。

（一）加高加固加宽田埂

稻田常规田埂都比较低矮、单薄，鱼类特别是鲤鱼、鲫鱼喜沿边觅食、栖息钻泥，易造成常规田埂渗水、漏水，甚至坍塌；此外，稻田中常有黄鳝、田鼠、水蛇等打洞引起漏水跑鱼。因此稻田养鱼需先对原有田埂进行加高加固加宽处理，一般饲养鱼种的稻田田埂应高于田面 0.5 以上，而饲养成鱼的稻田田埂需高于田面 0.7 以上，田埂加宽至 0.5 米左右，夯实田埂，必要时采用三合土或水泥硬化护坡；若稻田土壤为沙壤土则需在田埂加高后用尼龙薄膜进行覆盖护坡。

（二）开挖鱼凼（溜）、鱼沟

为保证鱼类在田间有栖息、觅食、避害的游动空间，同时为满足稻田浅灌、晒田、施药治虫、施化肥等生产需要，需在田块里开挖一定面积的鱼凼（溜）、鱼沟，且养鱼产量的高低与凼（溜）、沟的大小、深浅密切相关；但若凼（溜）、沟占用稻田面积过多，又会反过来影响水稻产量，因此凼（溜）、沟面积的设定应以不影响水稻产量为前提。通常面积不超过稻田面积的 10%。

1. 鱼凼（溜）

在养鱼稻田的田埂边或田中央挖方形或圆形的深坑，以供鱼类在夏季高温、浅灌、烤田（晒田）或施肥、施药时躲避栖居，同时也有助于鱼类的投饵和捕捞。面积一般占开挖田块总面积的 5%～8%，深 1.5～2.0 米，坡比为 1：（0.5～1），采用三合土或石材或水泥进行护坡，在鱼凼（溜）边缘筑高 5～10 厘米、宽 20～30 厘米的埂，防止淤泥滑入凼（溜）中淤积。若在田埂边开挖鱼凼（溜），应离田埂 0.8 米以上的距离，以防止田埂坍塌。

2. 鱼沟

鱼沟纵横分布在稻田里，连接鱼凼（溜），方便鱼类进入稻田各处、摄食天然饵料、帮助水稻除杂除虫。一般占稻田面积的 2%～3%，沟宽 0.3～0.5 米，沟深 0.5 米，其形状、大小和数量根据稻田形状、大小而定，有"一"字形、"十"字形、"井"字形、"日"字形、"田"字形等（图 4-1、图 4-2）。若田块较大或较长，可在田块长轴开挖中心沟，宽 0.8～1 米，深 0.5～0.7 米。田埂边的鱼沟应在离田埂 1.5 米处开挖。若采用宽沟式稻田养鱼，以深沟代替鱼凼（溜），其面积占田块面积的 8%～10%，沟宽 1.5～2.5 米，沟深 1.5～2.0 米，长度依田块而定，开挖方法和护坡要求同鱼凼（溜）一致。

图 4-1　"一"字形与"十"字形鱼沟、鱼凼

图 4-2　"四"字形鱼沟、鱼凼

（三）进、排水口及拦鱼设施

进、排水口开设在稻田相对两角的田埂上，开口的大小需根据稻田大小及排水量而定，以便使田内水流均匀流转。进水口可比田面高 10 厘米左右，如需要防止野杂鱼随进水口进入田内，可在进水口用聚乙烯网片（40～60 目）设置拦杂网，做成圆弧形，凸面朝向田内，筑实扎牢；排水口则需与田内鱼沟底部平行或略低，拦鱼栅用竹条、铁丝编成网状或用聚乙烯网片，其空隙大小以鱼逃不出为准，做成圆弧形，凸面朝向田内，筑实扎牢。拦杂网和拦鱼栅要比进、排水口宽 30 厘米，上端要高于田埂 20 厘米，下端嵌入田埂下部硬泥土中 30 厘米。

（四）遮阴设施

因为稻田水位浅，且水容积少，尽管开挖了凼（溜）、沟，但在夏秋烈日下，稻田水温升温快，且水温可高达 38 ℃以上；水温超过 35 ℃就会影响鱼类的正常生长，因此需在鱼凼（溜）之上搭设遮阴棚，以防止水温过高（图 4-3）。遮阴棚可以竹木为架，棚高 1.5 米，搭设面积占鱼凼（溜）面积的 1/5～1/3，地点位于鱼凼（溜）的西南角。如鱼凼（溜）设在稻田中央，棚架上覆以遮阴网帘；如鱼凼（溜）设在田埂边，则可在田埂边种植一些瓜果蔬菜如丝瓜、扁豆、南瓜等棚架植物，既可为鱼类遮阴、降温，又可提高稻田的综合利用率。

图 4-3　鱼凼上的遮阴设施

（五）　消毒和施肥

在鱼凼（溜）、鱼沟开挖完后或者旧鱼凼（溜）、鱼沟修整时，需要用生石灰进行撒泼消毒，一方面杀死对养殖鱼类有害的病菌和肉食性鱼类及蚂蟥、青泥苔等有害生物，另一方面能通过生石灰中和酸性，改善养殖环境。生石灰清塘用量一般为每亩 75～100 千克，撒施时应排干田间积水。生石灰消毒一个星期以后再灌水，并用腐熟后的粪肥培肥水质，为鱼种下田养殖前培养浮游生物作为天然饵料，施肥用量为每亩 300 千克。

第三节 稻田鱼苗（种）的放养技术

一、鲤（鲫）鱼的人工繁殖技术

稻田养鱼，将鲤、鲫鱼放养于稻田环境中，这种生产模式是我国传统农业生产方式之一。稻田养鱼具有悠久的历史和文化传承，很多地区的先民们还总结出了独具特色的鱼苗孵化繁殖方法与经验。比如每年清明至谷雨期间，开始鲤鱼苗的孵化繁殖，选健壮雌雄亲鱼，放入稻桶或鱼塘内，再放入柳杉枝，或棕片，便于母鱼产卵，用竹片引活水从高处向下流，使亲鱼活跃追逐，受精产卵，产完卵，捞出亲鱼。经5～7天孵化出形如针尖的鱼苗，称为水花；经过培育鱼苗长至3厘米以上，称为夏花，所繁殖鲤鱼苗用于稻田养殖。鲤鱼、鲫鱼在流水和静水中都能自然繁殖，因受自然环境的影响，多数是零星产卵，且鱼卵和鱼苗往往被鱼类或其他敌害所吞食，成活率很低。为提高成活率和有计划地生产，现普遍采用人工繁殖的方法。现将鲤、鲫鱼人工繁殖技术介绍如下：

（一）选择好亲鱼

一般选择2龄以上、成熟体壮、体重达2千克以上、体高背厚、头部较小、体色鲜艳、无病无伤的雌性鲤鱼作为母本，以健康、活跃、体色鲜艳的成熟雄性鲤鱼作为父本（雄鱼规格略小些为宜）。雌亲鱼要求生殖孔呈较大圆形，向外翻为红色，腹部大而丰满，鳃盖、鳍条光滑，没有珠星、不糙手；雄亲鱼要求轻压腹部有白色精液流出，鳃盖、鳍条有小颗粒珠星，有糙手感。雌雄亲鱼搭配按1条0.5千克的雌亲鱼搭配2条0.5千克的雄亲鱼为好。

（二）做好亲鱼的培育

1. 亲鱼准备

亲鱼一定要专塘培育，因与其他家鱼混养会影响亲鱼的培育效果，且操作不方便。亲鱼池一般选择1～2亩、水深1.5米的鱼塘为佳。鲤亲鱼的一般放养密度为每亩50～100尾，为调节水质，每亩混养少量鲢、鳙鱼。另外，在平时雌雄亲鱼一定要分养，因鲤、鲫鱼在产卵池养殖条件下，春季水温达到17～18℃时就能自然产卵，为了控制产卵期，集中分批产卵，避免零星产卵，一般都要将雌雄亲鱼分塘饲养，到繁殖季节水温适宜时再将亲鱼集中到一个池塘中产卵。

2. 饲养管理

鲤鱼是杂食性鱼类，多采用谷芽或花生麸作为亲鱼饲料，平时每天上午、下午各投喂一次，每天投喂量应根据天气、水温和鱼的吃食情况灵活掌握，一般为亲鱼体重的5％～7％。另外，在亲鱼培育过程中，也应适当施入各种粪肥（一般为牛、猪粪），以平均每月亩施350～500千克为宜。在孵化季节，亲鱼池也要适当加注新水，改善水质，促进亲鱼性腺成熟，以每周冲水1～2次为宜。

（三）亲鱼催产前准备工作

在亲鱼催产前，应先做好产卵池、孵化池和鱼巢的准备工作。

1. 产卵池

要在放养前7～10天进行清理、消毒，2天后注入新水1米左右，灌水时应注意在进水口用密网过滤，以防止野杂鱼进入池中，5天后便可放入亲鱼。

2. 孵化池

可用产卵池或鱼苗培育池进行孵化，用鱼苗培育池孵化的优点是可使鱼苗孵化出苗后直接培育，减少鱼苗搬运时的损伤。

3. 鱼巢

鲤、鲫鱼卵为黏性卵，故能在天然的水草上孵化，鱼巢就是根据这一特点，人工供给受精卵附着的物品。鱼巢的制作材料一般用棕榈片捆扎成一串串，然后悬吊在一根竹竿上，平排放在产卵池里即可。

（四）人工催产

当天气晴好，水温适宜时，将雌雄亲鱼起捕并按1：（1.5～2）配组放入产卵池，每亩产卵池可放20～30尾雌亲鱼。催产采用二次注射法较为保险，第一针在上午9：00注射，每尾雌雄亲鱼注射催产剂鱼用促黄体生成素释放激素类似物10～20微克，视亲鱼的成熟度而定；第二针雌亲鱼注射催产剂鱼用促黄体生成素释放激素类似物40～50微克/千克＋地欧酮3～5毫克/千克；雄亲鱼减半。第一针与第二针的间隔时间为8～10小时，给亲鱼注射催产剂后，便可将鱼巢放入产卵池，让亲鱼自然产卵。

（五）人工孵化

通常用的孵化方法是池塘孵化，即将粘有鱼卵的鱼巢轻轻地放入预先清理消毒好的池塘并用竹竿或木棒固定，使鱼巢沉入水面以下10厘米左右为宜。如遇大风降温，应暂时将鱼巢沉入水面以下30厘米的深处，以防表层水温突然降低造成危害，但不能使鱼巢沉入水底，以免鱼卵粘上污泥而窒息死亡。同时必须注意同一池塘中应放同一天产的鱼卵，这样才可使孵化时间基本相同，便于以后管理。同时，在孵化期间，每天早晨要巡塘，如发现池中有鱼卵，应及时捞出，鱼卵上附着较多污泥时，可轻轻晃动鱼巢或用清水冲洗干净，孵化期间要保持水质清新。刚孵出的鱼花身体透明，全长约 5 毫米，腹部有一卵黄囊供给幼体营养。2～3天，只能作短距离游泳，待鱼苗卵黄吸收变小、能离开鱼巢自由游动时，即可取出鱼巢。这时孵化全过程就已结束，鱼苗开始主动摄食，需泼洒一些豆浆或血类（牛、猪血），并可适当施肥，使鱼苗能及时吃到适口的天然饵料。

（六）苗种培育

鲤（鲫）鱼苗种培育根据饵料来源有两种方式，分为池塘饲料喂养和稻田天然饵料培育。池塘饲料喂养鱼苗，在专门孵化池母鱼产卵时采用传统人工孵化技术孵化成鱼苗，然后逐级转入大型养殖池，投喂专用苗种饲料培育，直至养殖成商品鱼或鱼种。稻田天然饵料培育鱼苗，可于当年 5 月孵化出鱼苗，后投放于栽秧稻田，当年 9 月初水稻基本成熟时开田放水捉鱼形成鱼苗，然后再转移到冬泡田养殖，至第二年春季形成商品鱼，其间完全自然放养，不投放任何苗种饲料。

二、鱼苗鱼种的选择

（一）鱼苗的选择

鱼苗的好坏，可以从鱼苗体色、游动状态来鉴别。一般来说，鱼苗体色以略带微黄色，稍红，透明为好；如果体色发黑带灰，则体质较差。从养殖池中将鱼苗捞起，放在鱼盘中，如果鱼苗到处乱游，则鱼苗体质好；反之，不大游动的较差。还可用手指在鱼盘中转上几圈。鱼苗成群结队很有规则逆水游动为好；反之为差。从腰点（鳔）来看，如果腰点小，则鱼苗才孵化不久，身体细嫩；如果腰点大、明显，则鱼苗孵化时间已长，不宜进行长途运输。

（二）鱼种的选择

鱼种的好坏，可以从鱼种外部形态来区分，还可在池塘中观察。从体内器官鉴定鱼种质量的好坏，主要是检查是否有鱼病，但靠肉眼检查往往不易看出，可结合用显微镜检查。

从外部形态区分鱼种好坏：鱼体体质健壮，背肌肥厚，尾柄肉质丰满，鳞片鳍条完整无损，阔鳍缩肚平嘴，色泽鲜艳，体表光滑，鳃盖骨无红黄色斑点，鱼种大小整齐，将鱼种放在手掌中，鳃盖不立即张开，鱼尾不弯，有力跳动的为体质健壮。反之，头大身细，鱼体瘦弱的鱼种体质不好。有的鱼种鳞片脱落，鱼体受伤，尾鳍发白，表明有寄生虫病和皮肤病。

在池塘中观察鱼种的好坏：要留心池塘四周有无死鱼，鱼种是否成群结队游动。如果发现多数鱼种在池塘水面散游，鱼体发黑，则鱼种体质较差。反之，鱼种体质较好。

三、鱼苗鱼种运输

稻田养殖的鱼苗鱼种，可就近采运，也可采取稻田育种。鱼苗鱼种运输，根据路程远近、鱼种数量及设备条件灵活选用运输方法。路程近，可采取人力挑运；路程远，运输鱼种数量较多，可采用鱼罐车（活鱼运输车）分仓带水运输或小汽车尼龙袋充氧运输。

（一）鱼罐车运输

根据运输鱼苗鱼种数量选择合适长度的鱼罐车（活鱼运输车），一般鱼罐车车身有4～6个活鱼仓，可加水充氧，按照每个立方水体装运3厘米规格的夏花鱼种2万尾，或7厘米规格的鱼种1万尾，或12厘米规格的鱼种5 000尾来安排装运密度。路程近可以多装，路程远应少装。运输途中应定时注意鱼苗鱼种的活动情况，如往一定方向有秩序游动，说明活动正常，体质好。如鱼种散乱游窜，或发生浮头，均为缺氧症状，应及时增氧或换水。换水量不能超过原水量的2/3，换入的水必须清新，温差不能过大，如运输鱼苗，温差不能超过3 ℃，如运输鱼种，温差不能超过5 ℃。

（二）尼龙袋运输

尼龙袋用白色无毒聚乙烯薄膜制成。一般长70厘米、宽40厘米，可装水20千克左右，袋的一端边缘留一个长15厘米、宽7厘米的袋口，以便装鱼、充氧、密封。采用尼龙袋充氧运输鱼苗鱼种，轻便灵活，成活率高，适于各种运输工具装运。尼龙袋一般在20小时内不用换水补氧。尼龙袋装运鱼苗鱼种时，先将尼龙袋装水，检查是否漏水。装鱼后，将袋内空气排出，然后充氧，一般以袋表面饱满有弹性为度。密封后，放入纸箱内，途中要注意检查，如发现漏水、漏气要及时换袋。运抵目的地后，鱼苗鱼种不要直接下田，要把鱼苗鱼种先倒入装有水的鱼桶中，不断淋水，待鱼苗鱼种游动正常后下田。也可将有鱼的尼龙袋放入鱼凼里，让内外水温慢慢一致后，再打开袋口，让鱼苗鱼种自行游入田中。

（三）运输注意事项

运输鱼苗鱼种大小要整齐，规格不同新陈代谢不同，需氧量不同，在同一容器内就会产生呼吸氧量不匀的现象，影响运输成活率。鱼体要经过锻炼，方法是在运输前 3 天，将鱼种捕起，放入网箱或布池内，经过几小时再放回塘中，这样拉网锻炼可使鱼体结实，习惯于密集生活，同时使鱼体内的粪便排泄干净，防止运输时水质变坏，经过 1～2 次拉网锻炼，即可进行长途运输。装运时水质要清新，用河流水或水库水为好。如用自来水，需先经去氯处理，因自来水含有余氯，含氯量达 0.25～0.3 毫克/升时会引起鱼苗死亡，可将自来水放入大容器中贮存 2～3 天，或向水中充气使氯逸出。换水时，一般用河流水，也可用井水。

四、鱼苗鱼种投放时间

鱼苗提倡早放，3 厘米以下的鱼种，在插秧前就可以放养，因鱼苗个体较小，不会掀动秧苗，而在施足肥的稻田中，经过犁耙后，浮游生物和底栖动物大量繁殖，对于鱼苗的生长有利。6～10 厘米的鱼苗，需待秧苗返青后再投放，以免鱼类活动伤及秧苗，影响水稻产量。放养 1 龄鱼种时，须在水稻拔节及有效分蘖结束后才放入田中。为了延长鱼的生长期，可在插秧前将鱼苗或鱼种投放到鱼凼、鱼溜中，待秧苗返青后加深水位，打通鱼沟鱼道，放鱼入田。

五、放养前准备

在冬春农闲时节，开挖或整修鱼凼、鱼沟，铲除坑边杂草等，在放养前，排干凼、沟内水，曝晒一周左右，进行消毒，按每亩用生石灰 50 千克撒施，一周后灌水施肥，按每亩 300 千克有机肥培肥水质，4～5 天后，即可投放鱼种。放养前扎好除杂、防逃栅栏，架设好驱鸟设施。

六、放养数量

由于各地稻田养鱼技术水平、饲养鱼类、栽培技术以及鱼产量不同，其鱼类放养数量各不相同。

夏花培育通常每亩田放养 2 万～4 万尾；夏花养成鱼种，通常每亩田放养 3 000 尾左右，产量达 50 千克左右，其中草鱼、鳊鱼占 70%，鲤、鲫各占 10%，鲢、鳙各占 5%，如不投饵，则放养量降低 1/2。鱼种养至成鱼，通常每亩放养 8～15 厘米的鱼种 300 尾左右，产量 50 千克左右，高产养鱼稻田可放养 500～800 尾。

七、放养注意事项

鱼种放养时需要注意调节水温，运输鱼的水温和田间水温温差不超过 3 ℃，放养的鱼种要求体质健壮、无病无伤，同一批鱼种规格整齐。此外，放鱼入田时，还应避开水稻施肥施药期，避免造成鱼类的应激反应。

鱼苗鱼种在拉网捕捞、运输途中易造成机械损伤，易感染细菌，若不经消毒处理，极易生病。即使健康鱼种，当环境发生变化时，鱼种抵抗力下降，细菌及寄生虫大量繁殖，也会引起鱼病。因此，在鱼种放养前要进行鱼体消毒，下水前需使用 2%～4% 的盐水浸泡鱼体 3～5 分钟，以预防鱼病。

第四节　稻田投喂技术

稻田养鱼投喂管理有不投饵和适量投饵两类。不投饵即纯粹利用稻田天然饵料，如稻田中杂草、昆虫、浮游生物、底栖生物等天然饵料供鱼类摄食，鱼种放养少，鱼产量较低，该投饵管理方式，一般每亩可生产 10～20 千克的天然鱼；适量投饵即在鱼溜和固定某段鱼沟中投饵，根据放养的鱼种种类、食性及数量，遵循"四定三看"（定时、定质、定量、定位，看鱼、看水、看天）原则，并根据实际情况灵活掌握，一般每天投喂两次，上午 8：00—9：00，下午 4：00—5：00，以 1 小时内吃完为准。精饲料每天投喂量为鱼体重的 3%～5%；而嫩草、浮萍、糠麸、酒糟等青料投喂量按鱼体重的 20%～30%。春季气温低，鱼规格小，应少投饵；7～9 月是鱼类摄食高峰期，鱼生长快，要相应多投饵；10 月以后气温渐低，也应渐减投饵量；"双夏"期间，鱼集中在鱼凼、鱼沟，密度大，也要少投饵。

一、饲料投喂量的确定

饲料投喂的基本原则是希望能以最小的饲料消耗获取最大限度的鱼产品，既需要满足鱼类对饲料的适合摄食量，也要以最少的饲料浪费和最小的影响水质的情况下满足鱼类的最大生长。确定饲料的投喂量需要确定几个关键参数，主要包括饲料的投喂量（分为日投喂量和总投喂量）、饲料的投饲率、投喂时间和投喂次数等。在确定几个参数之前，需要了解它们与鱼类摄食和消化吸收之间的关系。

1. 投喂量与摄食量的关系

养殖鱼类每天的饲料摄入量，与其体重、环境水温等有关。生产中投喂量若大于鱼的摄食量，多余的饲料会溶失于水中或沉积于水底，既造成饲料浪费，增大养殖生产成本，又会导致养殖水域环境的污染；投喂量若低于鱼的摄食量，则不能满足鱼类快速生长对营养物的需求，生长受阻，饲料的有效利用程度相应降低。最理想的状况是投喂量恰好与鱼的摄食量相等，然而生产条件下要做到这一点十分困难。所谓合理的投喂量，即通过各种手段努力地接近这一目标。实践表明，合理的投喂计划和养殖者的经验相结合是确保投喂量较为适宜的有效手段。通过投喂计划，可以从总体上把握较大面积（整个养殖场或同类型、同批次的养殖对象群体）一定阶段内的投喂总量，确保投喂实施过程中不因受人为因素的影响而出现大的偏差。

2. 投喂量与鱼类生长

对确定的养殖对象而言，其不同生长阶段对饲料的营养要求及饲料日摄入量有一定差异，同时随着鱼的生长，其体重、生理条件及代谢率等也不断变化。因此，从理论上讲，饲料营养水平与投喂量等应保持连续、经常性变化。实际生产中将其简化处理，以一定体长或体重将鱼的生长阶段的全过程划分为鱼苗、鱼种及成鱼三个营养阶段。饲料配方设计以上述三个阶段的营养需求为依据而分别进行；饲料投喂量则以这三个阶段为基础，考虑鱼体生长速度并根据水温等条件的变化每周调整一次，以确保饲料营养水平及日投喂量能较好地适应养殖对象不同生长阶段的营养需要。

3. 投喂次数与鱼类对饲料的消化

鱼类对饲料的消化可分为物理性消化和化学性消化，前者包括饲料与消化液、消化酶的混合程度，饲料在消化道内移动的速度；后者主要依赖于消化道内酸、碱度的大小和消化酶活力的强弱。某一确定的养殖对象在一定的生长阶段内，其消化能力变化幅度较小，故对饲料的消化程度和速度是较为稳定的，这为投喂次数的合理确定提供了基础。投喂次数多少对鱼类消化利用饲料的最显著影响，是直接决定了饲料在鱼体消化道内移动的速度。投喂次数愈多，饲料在消化道内移动速度愈快，如果这一速度超过了鱼类对消化道内饲料的消化吸收速度，则会导致鱼类对饲料的利用率降低。因此，过量、频繁地投喂不一定能有良好的生长效果。另一方面，投喂次数越少，则会使鱼类在相当长的时间内缺少饲料摄入，其所需要的营养物质难以适时地得以满足，生长必然受到阻碍。合理的投喂次数，对于提高鱼类对饲料的有效利用是较为重要的。

4. 投喂时间与鱼的摄食节律

鱼在自然状态下摄食行为受光线强度、溶解氧含量、温度高低等影响较大，摄食行为多表现为昼夜节律性变化。鱼类一般在黄昏和清晨摄食活动较强，在完全黑暗、低温或应激条件下摄食活动减弱。另外，鱼类的摄食行为是一种条件反射式的生理活动，通过人为驯化可以一定程度地得以改变。因此，在养殖条件下确定投喂时间既应考虑鱼类原有的摄食节律，也可以通过一定时间和手段的驯化使鱼类的摄食更为合理、有效，且投喂时间一旦选定或经驯化后已经形成定时摄食行为，则不宜经常变动投喂时间，以免搅乱鱼类已经形成的摄食节律。

二、投喂方法的选择

目前，水产饲料的投喂分为投饲机投喂和人工投喂两种方式，稻田养鱼因场地环境和养殖量的限制，一般采用人工投喂方式较为经济合理。

人工投喂时，每次投喂开始阶段投撒速度应较慢，以刺激鱼的食欲。当出现大量的鱼抢食时，可适当提高投喂速度。投喂一定时间后，鱼的抢食程度逐渐减弱，此时应逐步放慢投撒直至停止投喂。生产中常称为"八分饱"的投喂量掌握方法，一般指投喂中发现大部分鱼抢食行为开始减弱时即可停止投喂，以避免饲料的浪费。人工投喂饲料时鱼类群集于水面，是养殖者对鱼类生长和健康状况进行观察的最好时机。一旦发现鱼摄食出现异常，应及时找出原因并予以解决。

1. 颗粒料与膨化料的投喂方法

水产养殖中通常使用的饲喂模式有三种：全程饲喂颗粒料（沉水鱼料）、全程饲喂膨化料（浮水鱼料）、颗粒料与膨化料搭配投喂。随着养殖技术的提高，结合颗粒料和膨化料的优缺点，在淡水鱼养殖中采用颗粒料和膨化料搭配使用的投喂方式，效果显著。颗粒料与膨化料的投喂比例一般在（1～2）：1，混合投喂方式有几种。第一种是春、冬季（年头、年尾）投喂沉水料，夏、秋季投喂膨化料；夏、秋季水温高，鱼体生长旺盛，投喂膨化料效果明显；而春、冬季水温低，鱼一般在池底采食，沉水料恰好满足鱼的采食习惯。第二种方式是上午投喂颗粒料，下午投喂膨化料。第三种方式是先喂颗粒料，再喂膨化料，此种养殖方式的好处是养殖户可以看到鱼吃食，从而合理控制鱼的采食量，减少饲料浪费。第四种方式是先喂膨化料，后喂颗粒料，先用膨化料将鱼群吸引过来，当鱼群集中后再投喂颗粒料。

综上所述，无论哪种方式的搭配，混合投喂都极大体现出它的优势：既可以较好地调节水质，不让水体过肥或过瘦；又能提高主养品种的生长速度并调整其体形和体质，提高套养品种的产量。膨化料与颗粒料不同的搭配投喂方式需要满足以下的投喂原则：

1）根据养殖阶段的营养需求来给料，同时根据颗粒料和膨化料的营养指标和档次定位来判定。一般来说苗种阶段对营养需求高，以投喂高档膨化料为主；而养殖成鱼后期，可以投喂颗粒料。既能保持较快的生长速度，又降低养殖成本。

2）根据出鱼和上市的需求来投喂。使用高档膨化料快速催肥鱼体，可以尽早上市；上市出鱼之前可以选择优质的颗粒料，以满足鱼体在体质、出鱼方面的要求。

3）根据放养模式中不同品种的搭配来选择颗粒料和膨化料。如草鱼、鲫鱼混养模式下，可以使用颗粒粒径较大的膨化草鱼饲料搭配颗粒粒径较小的鲫鱼颗粒料，以满足两种鱼类在营养、摄食、颗粒粒径方面的要求。

4）根据稻田水质状况制定投喂方式。

2. 不同规格鱼种混养的饲料投喂方法

在养殖过程中，经常存在不同规格的鱼种搭配在一起进行养殖，在饲料选用和投喂方式上需要慎重选择。首先，需要选择颗粒规格和粒径与鱼体的有效摄食口径相适应的饲料。一般情况下，饲料颗粒的直径为鱼体口径大小的25%，而颗粒的直径、长度比为1∶(2~3)。如果颗粒的大小与鱼体的口径不适宜，颗粒直径大于鱼体的有效摄食口径、颗粒的长度过长等，其结果会使鱼群的摄食效率大大降低。不能被鱼体摄食的饲料在水体中会很快溶散掉，从而使饲料的浪费大大增加。不同鱼体大小、规格不整齐时，养殖的目的主要是保障规格较小的鱼尽快长大，因此在饲料颗粒粒径的选择和投喂方面应该重点考虑较小规格鱼体的摄食情况与生长状况。

第五节　稻田养殖管理技术

种养管理工作的好坏是稻田养鱼成败的关键，要防止重放轻养的管理倾向。管理除严格种稻和养鱼的技术规范实施外，还需每天巡田，及时掌握稻、鱼生长情况，针对性采取相应措施；大雨、暴雨时要防止洪涝、跑鱼；经常检查进、排水口拦鱼设施是否完好、堵塞；田埂是否完整、坍塌、掘穴，是否有人畜破坏情况，有无黄鳝、龙虾等洞穴漏水、逃鱼；有无鼠害、鸟害等，并及时采取补救措施。

一、日常管理

1. 坚持巡田

种养周期开始后，坚持每天巡田，及时掌握稻、鱼生长情况，及时消灭鼠、鳝、鸟等敌害生物；及时修补田埂和进、排水口的破损和漏洞；并经常清除鱼栅上的附着物，保证进、排水畅通。

2. 水位管理

养鱼稻田的水位管理，既要满足水稻的生长，又要考虑鱼类生长的需要。在可能的情况下，应尽可能加深水位。一般在水稻栽插期间要浅水灌溉，返青期保持水位4～5厘米，以利活株返青。分蘖期更需浅灌，可保持田水水位2～3厘米，以提高泥温。至分蘖后期，需深水控苗，水位保持6～8厘米，以控制无效分蘖发生。水稻在拔节孕穗期耗水量较大，稻田水位应控制在10～12厘米或更深一些。在水稻扬花灌浆后，其需水量逐渐减少，水位应保持5厘米以上。水稻成粒时，还应升高水位，以利鱼类生长。在收获稻谷时，可逐渐放水，将鱼赶入主沟或鱼溜中。收稻时，应采用人工收割，并运至田外脱粒。收获后及时灌满水，以便鱼类继续生长。

二、水质调控

水质的"肥、活、嫩、爽"是保障鱼类健康生长的关键因素，由于田间水浅，水质稳定性较池塘水差，因此，需定期更注新水，以保证水质的清新、溶氧充足，一般为2～4天注水一次，一次注水量不宜过大，一般更注新水不超过田水的1/2，且注水水流须缓慢入田，以免出现鱼类顶水跳跃，过多消耗体力。

大部分稻田因长期耕作，田间有机碎屑等腐殖质较多，使土壤呈现弱酸性，酸性环境不利于鱼类的生长，因此需要定期定量泼洒生石灰水以中和土壤酸性环境；同时，有机物多的泥土细菌滋生快，生石灰除了中和酸性外，还可以有效杀菌抑菌，减少鱼病发生的概率。

三、科学施肥施药

1. 科学施肥

适量施肥对水稻和鱼类的生长都有利。原则上以施基肥为主，追肥为辅；施农家肥为主，化肥为辅，农家肥须经过腐熟发酵后泼洒全田。追肥应视稻田肥力而定，肥田少施，瘦田多施。不将肥料撒在鱼沟里，以免伤鱼。

施肥的注意事项：

（1）适温施肥。水稻适宜生长的水温为 15～32 ℃，随着水温升高，肥料利用速率加快。在 25～30 ℃时，肥料利用速率最快。对鱼类而言，高温施肥，由于肥料分解快，毒性强，容易使鱼中毒死亡，如在高温期施肥，可采取少量多次、大田分半施肥等措施以降低施肥对鱼类生长的影响。

（2）晴天施肥。晴天植物光合作用强，可加速水稻根系对肥料的吸收速率，加速降低水中肥料浓度。阴、雨天不施肥，一是阴、雨天水稻光合作用弱；二是阴雨天气压低，易造成水体缺氧，施肥会加重鱼类的不适反应。

（3）一次性施足基肥，减少追肥次数，减少因施肥对鱼类的影响。

2. 科学施药

在水稻虫害防治方面，积极采取生物防治和诱虫灯相结合的生态防治措施，即在养鱼稻田周围架设诱虫灯（图 4-4），并且在稻田里放养适量的水稻害虫天敌，如稻田蜘蛛是水稻二化螟、卷叶螟、稻飞虱等害虫的最大天敌，其他还有盲蝽、陷翅虫、步甲虫、青蛙等捕食性天敌，以控制和减轻虫害的发展。

图4-4　稻田养鱼太阳能诱蛾灯

此外，选用高效、低毒、低残留、广谱性药物或生物制剂进行防治，如采用 Bt 乳剂防治水稻纹枯病，苏云金杆菌对水稻螟虫具有良好的防治效果，同时具有杀虫力强、杀虫谱广、生产性能好等优点。在施药前掌握好药物正常使用量和对鱼类的安全浓度，做好鱼类回避措施，先疏通鱼凼（溜）、鱼沟，然后加深田间水位或使田间水体呈微流水状态，以便于鱼类回避并降低稀释药物浓度。

采用科学的施药方法：施用粉剂宜在早晨有露水时喷洒；水剂、油剂宜在晴天下午4：00左右喷洒。喷洒时，喷嘴或喷头向上，采用弥雾状、细喷雾，以增加药物在稻株上的黏着力，避免粉、液直接喷入水中。这样既能提高防治病虫害的效果，又可减少药物对鱼类的危害。下雨前不要喷药，以免雨水将稻株上的药物冲入田水中导致鱼类中毒。施药后，如发现鱼类中毒，必须立即加注新水，甚至边灌边排，以稀释水中药物浓度，避免鱼类中毒死亡。采用分段间隔施药法，即一块稻田分两部分施药，中间相隔 2 天左右，这样一部分田施药时鱼可游到另一部分田中回避，待到另一部分田块施药时，鱼又向施过药的部分转移。

四、防暑降温

由于稻田水浅，水体温度易受气温影响，特别是进入盛夏时节，田间水温可高达 38～40 ℃，超过大部分鱼类的耐受温度，如不采取措施，轻则影响鱼的生长，重则引起大批死亡。因此，进入初夏或水温达到 35 ℃时，就需采取防暑降温措施，常用的措施有：①加快换注新水的频率或加深田间水位；同时在鱼比较集中的鱼凼（溜）、鱼沟上方架设遮阴棚（图 4 - 5）。②在养鱼稻田四周搭配栽种藤蔓类蔬菜、瓜果，既可起到遮阳作用，又可提高稻田生态空间的利用率和经济效益。

图 4 - 5　鱼凼上的遮阴设施

第六节 稻田鱼类捕捞与运输技术

一、捕捞

受养鱼稻田环境的限制，稻田养鱼的捕捞方法明显有别于池塘拉网式捕捞。稻田捕鱼前数天，应先疏通好鱼沟、鱼溜，挖去沟、溜中的淤泥，在鱼溜内事先铺设好鱼网箱，然后缓慢放水，防止放水速度过快导致鱼类搁浅在田面四处，放至田沟水面低于田面 5～10 厘米，使田鱼集中到鱼沟、鱼溜中，选择清晨或傍晚水温较低的时候，以免高温加重鱼的应激反应，用手抄网从远离鱼溜端的鱼沟开始往鱼溜的方向边抄捕边把鱼往鱼溜中赶。将捕出的鱼放入盛有清水的桶中，迅速送往事先放在池塘或河沟里的网箱中，以便鱼类能快速清洗鳃内存留的泥沙，以免鱼类因呛泥窒息。

如在未割水稻的情况下捕鱼，必须在晚间放水，而且放水速度要慢，防止鱼躲藏在稻株边或小水洼内，难以捕捉。在水源困难和不便排水的稻田或冬水田中，可用鱼罩或其他工具捕捞。

二、运输

活鱼运输是鱼类生产养殖中不可或缺的一个重要环节，但影响活鱼运输成活率的因素却又是多方面的，主要因子有鱼的体质、水温、水质、装运密度、运输时间及运输管理等。

1. 鱼的种类、规格与体质

不同的鱼类，具有不同的生活习性，它们对外界的反应敏感程度不一，性急躁的鱼，受惊易跳跃或激烈挣扎，这些鱼（除鱼苗外）在运输时易受伤；性温顺的鱼，受惊不跳跃，运输时不易受伤。不同鱼类，其耗氧量、对恶劣水质的耐受能力也明显不同，其忍耐运输的能力也就不同。活鱼运输容器内装水量有限，鱼类密度高，鱼类呼吸使水体缺氧，二氧化碳及粪尿等代谢排泄物会使水体严重污染，运输过程中由于颠簸、鱼体挣扎跳跃，消耗体力且容易受伤。因此，耗氧率低、耐缺氧并对恶劣水质忍受力强、性温顺或不善跳跃的鱼类，耐运能力就强。此外，同种鱼类，其大小不同，耗氧率也有差异，个体越小，单位体重的耗氧率越大。伤病及体质弱的鱼难以忍受运输过程中恶劣的水质及剧烈的颠簸，且加剧伤病，更易死亡。体质强壮的鱼，若在运输前不经过锻炼，其粪便等排泄多，耗氧高，排出的二氧化碳多，水质容易恶化；而这种鱼也不耐操作，容易受伤，从而影响运输成活率；相反，预先经过锻炼的鱼，其肌肉、鳞片结实，肠道内粪便已排空，体表也无多余的黏液，其代谢排泄物少，耗氧率低，对恶劣水质忍耐力强，且耐操作不易受伤，运输成活率明显提高。

因此，稻田捕出的鱼，应放入事先在池塘或河沟内架设的网箱内进行吊水，以便鱼鳃吐泥、排泄肠道粪尿，并进行拥挤锻炼，以提高在高密度、小空间条件下运输的成活率。

2. 水温

水温是影响活鱼运输成活率的重要环境因子。水的饱和溶解氧含量以及溶氧的速度与水温成反比，即水温越低，饱和溶氧越高，溶氧速度越快。而鱼类的耗氧率却随温度的升高而加快。耗氧率加快的结果是代谢排泄物相应增加，造成微生物对这些有机物分解加快，使运输水体缺氧和水质恶化，而且水温高，鱼类活动频繁，运输过程中鱼往往跳跃、急剧挣扎和冲撞，既消耗体力又易于受伤。因此，水温越高对运输越不利，降低水温往往是运输成功的关键，但水温过低，鱼体也容易冻伤，甚至冻死。

运输鲤科鱼类最适水温为 5～10 ℃，在南方以 15 ℃以下为宜，一般不超过 25 ℃，且运输过程中水温急剧变化或者运输开始装鱼或运输结束放养时温差过大，都会对运输成活率造成不利影响。

3. 活鱼运输方法

活鱼运输的方法，可归纳为两大类型，即封闭式运输和开放式运输。

（1）封闭式运输是将鱼和水置于密闭充氧的容器中进行运输。

优点是：①运输容器的体积小、重量轻，携带、运输方便，且灵活机动，所有运输工具都可以使用。②单位水体中运输鱼类的密度大。③管理方便，清洁干净，劳动强度低。④鱼在运输途中不易受伤，运输成活率高。

缺点是：①大规模运输成鱼和鱼种较困难。②运输途中如发现问题（如漏气、漏水）则不易及时抢救。③目前绝大多数还采用塑料袋作为运输容器，易破损，故不能反复使用。④运输时间一般不超过 30 小时（在常温条件下）。

改进措施：①适当增加运输用水量，相对降低袋内水中二氧化碳的浓度；②合理的密度；③低温运输；④保持鱼体正常姿势，防止剧烈震动；⑤改单袋为双套袋运输；⑥改塑料袋为橡胶袋运输。

（2）开放式运输是将鱼和水置于非密封的敞开式容器中进行运输。

优点是：①简单易行。②可随时检查鱼的活动情况，发现问题可及时抢救。③可随时采取换水和增氧等措施。④运输成本低，运输量大。⑤运输容器可反复使用或"一器多用"。

缺点是：①用水量大。②操作较劳累，劳动强度大。③鱼体容易受伤，特别是成鱼和亲鱼。④一般装运密度比封闭式运输低。

改进措施：①选择体质健壮的鱼苗、鱼种，做好鱼体锻炼工作；②选取良好的运输用水，水质清新，溶氧高，含有机质少，无毒无臭的水，一般用河水；③保持合适的运输密度；④低温运输；⑤加强运输途中的管理。

第五章　稻田养鱼病害防控技术

第一节　鱼病致病因素与诊断技术

一、鱼病致病因素

为了较好地掌握鱼发病规律和防止鱼病的发生，首先必须了解各方面的原因，鱼的发病原因比较复杂，既有外因也有内因，查找根源时不应只考虑某一个因素，应该把外部因素和内在因素联系起来加以考虑，才能正确找出发生鱼病的原因。

（一）环境因素

鱼类的生存离不开外周环境，鱼类的健康取决于鱼体和环境的相互作用。鱼类对环境的改变有一定的适应和耐受能力，但如果环境的变化幅度超过鱼体正常适应范围和能力，容易导致鱼体机体功能出现紊乱，诱发疾病。

鱼体在运输、放养或分养等各个生产环节中的不慎操作，造成鱼体损伤，容易引发鱼体的疾病。

稻田结构设计不合理，水环境条件难以调控，排污设施结构不符合鱼生长的最适要求，周围环境变化大，导致鱼体长期处于应激状态，机体免疫功能下降，易患病。

鱼生活的水体环境对其健康程度也有很大的影响，水体溶氧偏低，有机物过多，氨氮超标，亚硝酸盐超标，pH值过低，水体透明度过高或过低，尤其稻田养殖时水温变化幅度过大等一系列的水质变化情况均能对鱼体造成一定的不利影响，诱发疾病，甚至造成慢性中毒或死亡。

（二）生物因素

鱼类经常因为微生物和寄生虫患病，由于它们在鱼类的体表或是体内寄生生活，需要从鱼体获取营养，这样一来就会破坏鱼的组织和器官，严重影响了鱼类的生命活动。这也是我们通常所说的传染性疾病和寄生性疾病。

还有一些生物，如水藻和水绵等，它们大量繁殖时，消耗肥料使水质变瘦，同时影响鱼类活动，也妨碍打网操作，有时甚至会把鱼缠绕其中致死。

稻田中水位较低，生态环境复杂，鱼类很容易被水鸟、水蛇和青蛙等肉食性动物直接伤害、吞食。

（三）机体自身因素

一条鱼是否得病，除上述外在因素外，还取决于鱼的内因，即鱼的机体免疫力。机体抵抗力越强，越能有效防止疾病的发生。鱼体本身免疫能力与鱼的种类、年龄、性别、健康状况等密切相关。

稻田养殖过程中，如投喂的饲料中营养不均衡或者过多，鱼体极易患肝胆综合征。而饵料不充足就会影响鱼的生存、生长、生殖，从而发生疾病。另外，在不同的生长时期，对同一疾病的抵抗力也有所不同，如苗种期得小瓜虫病的机会要大于成鱼期。

选择优良品质鱼类为养殖对象，对不同生长阶段的鱼类采取不同的科学管理措施，能有效地预防疾病的发生。

由于稻花鱼生活在稻田里，往往不像畜禽生病时那样容易被发现，如不细心观察，一般发现鱼生病时都较为严重了。再者，鱼的给药方法也不如治疗陆生动物那样有针对性，往往需要全水体泼洒，用药量大，成本高，且有一定的毒性。拌饵投喂，生病严重的鱼往往不开口吃食，难以达到治疗效果。因此，一定要坚持预防为主、防治结合的原则，树立防重于治的观念。

由病原引起的疾病，是病原、机体和环境条件三者相互影响的结果，因此，疾病的预防就可以从这三个方面下手。

二、鱼病诊断技术

多数疾病一般是少数个体先发病，其后发病数量逐步增多，范围逐步扩大。因此，养殖户必须定期巡田，仔细观察，查看环境条件，关注水源、水质变化情况和鱼的吃食、活动及体色等多个方面的情况。如有异常，立即采样进行检查和诊断，判断是否患病，并及时采取措施，防止大量死亡。鱼类患病后，身体相应部位出现不同程度的病理变化，行为出现异常。为了正确地判断病情，有效地进行治疗，病理诊断主要有以下几个步骤。

（一）现场调查

水产技术人员调查发病稻田的水深、水温、水色、透明度、溶解氧、水体放养模式，以及投喂饲料种类、质量、来源，投饲量、投饲方式与养殖鱼类摄食情况，养殖水体注换水、消毒等情况。观察鱼的行为是否异常，查看管理日志，有助于查找病因。

（二）临床检查

临床检查就是利用人的感官或借助一些放大镜、剪刀、镊子、pH 试纸等便于携带的简易器械对病鱼进行解剖检查。被检查个体必须新鲜，病理症状明显，检查数量 5～10 尾，以保证检查结果的可靠性。

用于病害诊断的样本必须是刚死或活的个体，并要求保持鱼体湿润。死亡过久的样本，各组织器官腐烂变质，病理症状难以辨别，病原体形状也往往发生改变，或完全崩解腐烂。体表干燥，体表寄生虫容易死亡或崩解，有些病理症状也变得不明显，甚至无法辨认。

病鱼检查的常用方法有目检和镜检。目检就是用肉眼仔细检查病鱼体表及内脏，查看皮肤、鳞片、鳍条、眼睛、鳃等各部位是否有病理特征，解剖内脏，查看是否有腹水、大型寄生虫及各内脏器官的病变。镜检是用显微镜对目检无法看到的病原体进行进一步的确诊。检查寄生虫时可直接压片观察，其他病原体可取病灶组织或黏液、腹水、血液、病变器官等进行涂片、染色观察。

1. 目检体表

水产技术工作人员通过眼睛观察患病个体表现出的种种不正常活动，体表、鳃及内脏一些病变情况来进行初步判断。

检查体表，把样本放在解剖盘内，查看背腹部、鳍条、眼睛、鳃等各部位是否有病理特征，观察一切明显的或可能的病象。例如，体表是否有擦伤或者腐烂，是否长水霉与白斑，体表有无黏附着肉眼可见的寄生物。

2. 检查内脏器官

目检样本体表后，解剖内脏，查看是否有腹水、大型寄生虫及各内脏器官的病变。仔细观察肠、肝脏、胆囊、脾脏、鳔等有无肿大、萎缩、硬化、出血、包囊和腹水（如果是患病严重，体腔内往往有许多脓血状液体，叫作腹水），然后用剪刀取出内脏，放在解剖盘上，逐个分开各器官，依次进行检查。

（1）目检顺序。

目检样本时，通常按照如下的顺序进行：a 背腹部；b 眼睛；c 鳃；d 血液；e 口腔；f 腹腔；g 内脏团；h 消化道；i 肝脏；j 脾脏；k 胆囊；l 心脏；m 肾脏；n 膀胱；o 性腺；p 头；q 脊髓；r 肌肉。如果用肉眼无法判断时，可用镜检；如仍然无法判断，则把这部分组织剪下保存起来，以便进一步做病理检查（如果器官不大，则整个保存）。

（2）注意事项。

1）解剖患病个体时，在操作上要特别的小心，不要把器官的外壁弄破，避免病原体的迁移，导致无法确定病原体的寄生部位，影响对疾病的正确诊断。

2）同一患病个体，不同组织器官间，或不同患病个体间，解剖工具不宜共用，要清洗干净后才可以用于其他部位或其他个体。

3）检查每一个组织器官，先用肉眼仔细观察外部，如果发现有病原体，拣出病灶或病原体，放到预先准备好的器皿里，并详细记录。如果肉眼无法判断时，可用镜检；如仍然无法判断时，可把病理组织剪下保存起来，以便进一步检查。

（3）显微镜检查。

镜检是用显微镜对目检无法看到的病原体进行进一步的确诊。根据病鱼的异常特征，有针对性地取样，进行组织涂片、压片或切片染色观察，检查组织血细胞种类与数量是否异常，检查组织是否有寄生虫，是否受损或变性等病理特征。有必要时，可进行电子显微镜检查。

检查寄生虫时可直接压片观察，其他病原体可取病灶组织或黏液、腹水、血液、病变器官等进行涂片、染色观察，观察病理特征时，常用组织切片法。

组织压片：压片是最常用的制片技术之一，在洁净载玻片上加一滴蒸馏水，用镊子取少许待检组织，置于水滴中央，用镊子轻轻分离组织，用一洁净盖玻片的一端与待检样品的水滴边缘接触，然后缓慢放入盖玻片，覆盖整个待检组织，放于显微镜下观察。压片时注意不要出现气泡。

组织涂片：用弯头镊子刮取皮肤、鳞片、鳍条、鳃等部位的黏液，放在滴有水的载玻片上，涂抹均匀，盖上盖玻片，制成涂片，在显微镜下观察；将体内各组织、器官用弯头镊子取少部分，放在滴有生理盐水的载玻片上，涂抹均匀，盖上盖玻片，制成涂片，显微镜下观察。

组织切片：切片技术在水生动物疾病诊断方面应用较少，更多应用于组织病变观察。组织切片要经过固定、脱水、包埋、透明、切片、脱蜡、染色等一系列过程，通常要 3~4 天，且需要切片机等设备。如遇需要切片的样品，宜采集小块待检组织，用 10% 福尔马林固定，委托相关部门进行切片和观察。

（4）水体或饲料分析。

如怀疑是中毒或营养不良引起的疾病，水产技术人员可采集养殖水体和投喂的饲料，送往具有检测资质的检测部门进行养殖水体常规水质指标检查、饲料营养成分和重金属等有毒有害物质检测分析，为进一步诊断提供依据。

（三）确诊

根据现场调查和病鱼的目检、镜检结果，结合各种病害流行季节、各阶段的发病规律，进行综合比较分析，找出病因，确定病害种类，立即确定治疗方案，对症下药。如病理症状不明显，病害难以确诊的，可保存好样本，送往相关实验室做进一步检查。

第二节　常见疾病种类及防控方法

淡水养殖鱼类的病害，目前已知有近百种之多，病原体包括病毒、细菌、真菌、寄生虫等。我国稻田养殖主要为鲤鱼、鲫鱼，本文将鲤鱼、鲫鱼的主要疾病按照病原体分别作简单介绍。

一、细菌性疾病

1. 细菌性败血病

病原及症状：由嗜水气单胞菌、鲁氏耶尔森菌等多种革兰氏阴性杆菌引起，该病的流行季节一般是 6—7 月，在水温 28~32 ℃时急性暴发。此病来势汹汹，具有很高的发病率和死亡率，有时死亡率高达 90% 以上。在发病初期，病鱼的上下颌、口腔、鳃盖、体侧和鳍条基部轻度充血，肠内有少量食物。发病严重时，病鱼体表充血严重甚至出血，眼眶周围发红充血而出现突眼现象，全身肌肉充血呈红色。肛门红肿，腹部膨大，腹腔内有淡黄色透明或是血红色混浊的腹水，肝、脾、肾肿胀，肠膜及肠壁充血，肠内充气且有大量黏液，部分鱼鳃器官色浅，呈贫血症状。

防治方法：①在稻田水源口挂袋消毒，稳定药物浓度 0.3 毫克/升，持续 3 天以上。②拌饵内服恩诺沙星、水产电解多维素与肝胆利康散等，连续喂 3～6 天。

2. 细菌性烂鳃病

病原及症状：由嗜纤维菌（过去曾称为黏球菌）引发的疾病，高发期在 6—7 月。在水温 15～32 ℃时容易流行扩散，水温越高，危害越大，鱼的密度越大，水质量越差，病情也越重，常与赤皮病、肠炎病并发。鲤鱼会出现鳃部腐烂的情况，在鱼鳃部会有淤泥及黏液，严重者表皮也会出现腐烂情况，被叫作天窗，患病鲤鱼一般脱离鱼群，且游速相对缓慢，鱼身呈现发黑。

防治方法：用生石灰给鱼沟做好清洁，疾病高发期向稻田泼撒漂白粉，用生石灰给稻田做好消毒工作，也可以使用漂白粉的挂篓，按照实际情况选择用量，由于不科学的饲养程序导致的各种鱼类疾病频发的现状，可以在饲料里拌入适量恩诺沙星，预防措施尤为重要。

3. 细菌性肠炎病

病原及症状：肠炎病是由嗜水气单胞细菌引起，水温 20 ℃以上开始流行，25～30 ℃时发病扩散更快。当鲤鱼、鲫鱼感染上肠炎病时，其腹部会出现膨胀，并伴有红色的斑点，鱼的肛门也会出现红肿、逐渐向外突出，如果按压病鱼的腹部，在其肛门处便会溢出如同脓血一般的物质。此时如果将病鱼的腹部用刀切开，会发现肠壁血管已经破裂，导致肠壁表现出红褐色，身体里会堆满液体。

防治方法：全面清洗鱼沟，保证水体呈弱碱性，固定时间给稻田更换新水。保证水体健康，有充足的氧气，保持水温稳定。此病防治的首要环节为提高水质管理。水体中有害菌致使水环境极度恶化，抑制了鲤鱼、鲫鱼生长和繁殖；在夏季和冬季鱼沟中，氨态氮超标是造成细菌性肠炎病的主要原因。应定期对鱼沟底层的老水进行抽换，加注新水；用生物的方法降氨，抑制有害苗繁殖，夏季可定期施用光合细菌；施入生石灰等对水质进行改良。鲤鱼、鲫鱼发病初期不易发现，尤其是越冬停食期，药物治疗非常困难，所以鲤鱼、鲫鱼的病害预防尤其重要，主要做好以下几点：①底泥中氨的积累过高，最好每年清淤一次，并以生石灰、含氯消毒剂消毒。②鱼苗消毒。在鱼苗鱼种下田前一定要进行检疫消毒，以免病菌带入池塘。③饲养。选用质量过关的饲料，科学投喂。

4. 竖鳞病

病原及症状：竖鳞病是由水型点状假单胞菌和嗜水气单胞菌等引起，是鲤鱼、鲫鱼常见流行病。一般5月下旬至7月下旬为主要流行季节。患竖鳞病后，鱼体表粗糙，部分鳞片向外张开像松球，鳞片内积聚着半透明或含有血的渗出液，以致鳞片竖起，用手在鳞片上稍加压力，渗出液就从鳞片下喷射出来。有时伴有鳞基充血，脱鳞处形成红色溃疡，眼球突出，腹部膨胀。病鱼行动迟钝，呼吸困难。

防治方法：首先要定期清淤，清除过多的底泥，用生石灰或二氧化氯等进行消毒，在流行季节每月定期泼洒上述药物1～2次，用法用量按说明书或技术人员的指导进行；其次，在捕捞、搬运和放养过程中，尽量小心操作，勿使鱼体受伤；放养前必须对鱼进行药浴，可用碘制剂加五倍子粉配成药液，用量为每立方米水体加碘制剂3～5毫升、五倍子粉30～50克，药浴15～20分钟；饲养季节每20天泼洒1次EM菌液，以改善水质；发病初期加注新水可以缓解病情。发病时可采用内服与外用方法进行治疗。外用药：选用三氯异氰脲酸，隔天泼1次，共泼1～3次。内服药：在外用药同时，必须投喂药饵，每千克饲料中加入2～4克磺胺间甲氧嘧啶拌饲投喂，连喂4～6天，第一天用药量加倍。

二、病毒性疾病

1. 锦鲤疱疹病毒病

病原及症状：锦鲤疱疹病毒病是由鲤疱疹病毒（Koi herpes virus disease，KHVD）引起的一种恶性传染病，死亡率高达80%～100%，所有年龄阶段的鲤科鱼类均可感染。该病的发生最早在6月，常见于7—8月，偶尔在9月发病。水温为18～28℃时最易暴发，要做好春夏季节的鱼病防控。病鱼聚集在进出水口，表现为嗜睡、食欲不振，背鳍折叠处有出血点，腹部充血严重，鱼体发白、黏液分泌增多，出现不规则斑块，鳞片脱落，皮肤溃烂有疱疹样病变。感染后期可观察到鱼鳃溃烂坏死，双眼凹陷，皮肤有粗糙感，黏液减少，部分受感染鱼难以维持自身平衡而游动失常。解剖后可见肾脏变红、发黑、肿大，肝胰脏发灰无血色，肠道充血，腹腔积液和腹部粘连等症状。感染5～8天后开始出现大面积死亡。

防治方法：迄今为止，锦鲤疱疹病毒病主要依靠综合防控措施来减少KHVD暴发带来的损失。引进或者购买鲤鱼时，应做好隔离检疫，最好有专门的暂养水沟，暂养 30 天。发病时不向稻田水沟中乱投杀虫药或者抗生素等，无论是杀虫药物还是抗生素类药物，不仅不能消灭这种病毒性病原，反而会因为药物对养殖鱼类造成的严重刺激，导致鱼体自身免疫力进一步下降，最终导致病情快速恶化。应该采取的措施是尽量稳定养殖水环境，避免采取对患病鱼类造成任何刺激的措施。

2. 鲤痘疮病

病原及症状：由鲤疱疹病毒引起，主要危害鲤鱼，鲫鱼也偶有发生。冬季和早春为流行季节，水温在 9～16 ℃时，是该病的流行适宜水温。在发病初期鱼体出现薄而透明光滑的灰白色小斑状增生物，并覆盖一层很薄的白色黏液；随着病情的发展，白色斑点逐渐扩大、增厚，数目逐渐增加，互连成片；形成表面平滑、呈乳白色、奶油色至棕色（随病灶处的色素不同而不同）在血管处则呈粉红色的"石蜡样或玻璃样"的痘疮增生物。这些增生物与鱼体的体表结合比较牢固，用小刀可以将其刮下。增生物为上皮细胞及结缔组织增生形成的乳头状小突起，是不分层的。通过组织切片可以观察到增生的细胞有时也能侵入真皮组织。增生物主要成分为胶原纤维，既可自然脱落又能在原患部再次出现新的增生物。鱼体的背部、头部、鳍条及尾柄是痘疮密集区，病情严重的病鱼全身均可布满痘疮，且病灶部位常有出血现象。当增生物蔓延扩大到鱼体的大部分时，会影响其生长发育，脊椎受到损害，骨骼软化，食欲减退。这种疾病死亡率不高，在 10％左右，当水温超过 22 ℃时，这种疾病就可能自行痊愈。

防治方法：提高鱼体的抵抗力，是防控痘疮病发生的重要措施。越冬期间不停止投喂饲料，保证养殖鱼类在漫长的冬天不掉膘；开春后尽量提前投喂饲料，尽早地投喂少量添加有免疫增强剂的饲料；在捕捞和运输鱼种过程中，尽量做到不要让鱼体受伤，在放养入池前要对鱼种进行彻底消毒，鱼种入池后尽快投喂营养饲料。发病时同样不可向稻田水沟中乱投杀虫药或者抗生素等。

3. 鲫鱼病毒性鳃出血病

病原及症状：鲫鱼病毒性鳃出血病是疱疹病毒引起的鳃部动脉血管的病变，病毒非常微小，必须在电子显微镜下才能观察到其结构。养殖环境遭受破坏等因素容易诱发鲫鱼病毒性鳃出血病。该病发病时间短、死亡率高，发病季节多在 5—8 月，多在 22 ℃水温以上高温季节暴发。患病鲫鱼眼眶、鳃盖、鳍等体表器官不同程度充血、出血，解剖鱼腹，可见内脏器官充血，肝、肾肿胀，体腔腹水，常伴有"烂鳃"及"肠炎"病症。

防治方法：一是定期注水，定期消毒，定期泼洒水质改良剂，配备增氧机；二是全池泼洒聚维酮碘，浓度 1～2 毫克/升。在水体消毒的同时，每千克鱼用黄芩 2 克、大黄 5 克、黄柏 3 克拌饵投喂，每天 1 次，连喂 4～6 天；三是每千克饲料用病毒灵 2～3 片，碾碎溶于水中，拌饲料投喂，连喂 3 天；四是维生素 C＋出血止 1 号，按体重每 50 千克鱼一天喂 10 克出血止 1 号和维生素 C 2 片，分 2 次投喂，连用 5～7 天。

三、寄生虫病害

1. 黏孢子虫病

病原及症状：由多种点胞虫和单极虫引起，是鲤、鲫鱼苗种到成鱼的常见寄生虫病，能引起鱼类死亡，流行于我国大部分地区。此病一般表现为虫体对鱼类的肌肉、脑、肝、肾、肠等组织造成侵袭，或寄生在鱼体表的喉、吻、鳍、鳃等部位，危害最大的即为因黏孢子虫侵入鱼口腔上咽部软组织导致孢子虫病的发生，具有极高的死亡率，通常为 30％～40％，也可高达 90％或 100％，可谓是鲫鱼养殖中危害性最大的疾病。

防治方法：对鱼函、鱼沟的淤泥进行清理，每公顷施用生石灰 4 500 千克，以此杀灭过冬孢子。将鱼种放入池塘之前应使用高锰酸钾或 3％～4％食盐液进行浸泡消毒。孢子虫病通常在 6 月上中旬发生，所以必须在 4 月下旬和 5 月中旬分别拌饵喂敌百虫，连续投喂 3 天，可以取得十分理想的预防效果。发生孢子虫病的时候，应同时使用内服外用的方法。用 90％晶体敌百虫以 1.0 毫克/升浓度全池泼洒，杀灭鱼体表和鳃的黏孢子虫。内服采用氯苯胍和晶体敌百虫交替拌料投服，效果比单独使用敌百虫效果好。

2. 指环虫病

病原及症状：由指环虫大量寄生引起，病鱼鳃丝黏液增多，鳃瓣呈灰白色，鱼鳃浮肿，鳃盖难以闭合。从整体上看，鱼体色黑，十分消瘦，食欲不振，游动呆滞，直至死亡。此病流行于 4—9 月，夏花培育阶段和鱼种饲养阶段的早期，在水质条件较差的稻田中易发生，严重时，造成夏花鱼种大量死亡。

防治方法：一是预防。用生石灰带水清田，用量为 150 千克/亩左右；夏花鱼种放养时，用1克/米³的晶体敌百虫液浸洗20～30分钟，能较好地预防此病。该病暴发后，用0.2～0.3克/米³的晶体敌百虫溶液全池泼洒，或用2.5%敌百虫粉剂1～2克/米³全池泼洒。

3. 锚头蚤病

病原及症状：锚头蚤病又称针虫病、蓑衣虫病，是由甲壳动物桡足类锚头蚤侵入鱼体而引起的体外疾病。一般雌虫寄生鱼体，雄虫基本不寄生。病鱼大量寄生锚头蚤时会焦躁不安，食欲不振。急性感染时每尾鱼种可侵入数十条，短期内会大量死鱼。当严重感染时，鱼体好像披着蓑衣。故有"蓑衣病"之称。慢性感染时，鱼体消瘦，慢慢死亡。锚头蚤寄生在鱼的鳃盖、皮肤、鳍条基部、眼、口腔、尾鳍等处。由于锚头蚤以头角钻入寄主组织内，引起周围组织红肿发炎，裸露在外的虫体后半部体表常有累枝虫和藻类、水霉菌等附生，容易引起水霉病等继发性感染。在水温12～33℃锚头蚤均可繁殖。水温20～25℃时为流行季节，每年4—10月为该病流行季节。

防治方法：该病以预防为主，用生石灰带水消毒，注意水质管理；一般鱼种放养时用3%～5%的盐水浸浴15～30分钟。当鱼被该虫大量寄生后，全田泼洒敌百虫溶液，每2周1次，连用2~3次；或者每立方米水体使用20%精制敌百虫粉水溶液全池泼洒，杀死池中锚头蚤的幼虫，根据锚头蚤的寿命和繁殖特点，需连续下药2～3次，每次间隔的天数随水温而定，一般为7天，水温高间隔的天数少，反之则多。

四、真菌性病害

1. 水霉病

病原及症状：目前发现的水霉共有十多种，其中最常见的属于水霉和绵霉两个属的种类，属水霉科。内菌丝附着在水产动物损伤处，可深入至损伤、坏死的皮肤及肌肉，吸收营养。外菌丝较粗壮，可长达3厘米，向外延伸，形成肉眼可见的灰白色棉絮状物，并于末端形成孢子囊，放出动孢子到水中，经由水而传播。13～18℃时最适合生长，25℃以上时的孢子繁殖力减弱，较不易感染。故水霉病是10月至次年3月较易发生的疾病，应当做好防治工作。水霉病的病原在淡水水域有广泛分布，对水产动物的种类没有选择性，凡是受伤的均可被感染，而未受伤的则一律不受感染，且尸体上水霉的繁殖速度特别快，故水霉是腐生性的，对水产动物是一种继发性的感染。疾病早期，肉眼观察不到异状，当肉眼能观察到时菌丝已侵入伤口，并向外长出外菌丝，似灰色棉毛状。由于真菌能分泌大量蛋白质分解酶，机体受到刺激后开始分泌大量黏液，病鱼开始焦躁不安，与物体发生摩擦，最终由于负担过重，游动迟缓，食欲减退，最后瘦弱而死。

防治方法：该病尚无理想的治疗方法，故只有在疾病早期治疗才有效。预防：除去鱼沟底过多的淤泥，并用浓度为 200 克/米^3 的生石灰或浓度为 20 克/米^3 的漂白粉消毒；加强饲养管理，提高鱼体抵抗力，尽量避免鱼体受损伤。患病后可以采取以下措施：全池泼洒食盐及碳酸氢钠（小苏打），浓度为 8 毫克/升；内服药如氟苯尼考等，以防治细菌感染，疗效更好。水霉病的治疗还可通过提高水温的方法，可将病鱼捞出隔离并用热水加温至 25 ℃保持 10 分钟可杀灭水霉。

2. 鳃霉病

病原及症状：属于真菌感染，由鳃霉孢子寄生在鱼类受伤鳃部引起，流行季节为水温较高的 5—10 月，尤以 5—7 月梅雨季节为发病高峰，特别是在水中有机质含量高时，容易暴发此病，可在数天内引起病鱼大量死亡。病鱼失去食欲，呼吸困难，游动缓慢，鳃上黏液增多，出现点状出血，呈现花鳃。病重时鱼高度贫血，整个鳃呈青灰色。

防治方法：4—5 月做好寄生虫杀灭工作，防止寄生虫（如车轮虫、指环虫、中华鳋等）对鱼体鳃部造成损伤，被鳃霉孢子侵袭伤口；发病季节有规律地使用微生态制剂，分解水体中过多的有机质，创造优良水质；维持好的水质，增强鱼体抗病力。鱼体患病后可以采取以下措施：全池泼洒食盐及碳酸氢钠（小苏打）或者复合碘溶液；内服药如氟苯尼考等，以防治细菌感染，疗效更好；注意增氧，缓解鱼类呼吸困难。

五、鱼病生态防控技术

（一）生态环境条件的调控

1. 合理放养

稻田养殖过程中，养殖水体小，日夜温差大，所以应保持适宜的放养密度，充分利用水体和改良水体环境，防止水体老化和恶化，维持水质稳定与生态平衡，保持有益生物的优势地位，抑制有害生物生长。同时搭配混养的鱼类也一定要合理，防止抢食、抢水体空间。

2. 科学管理养殖水质

因为动物在为了维持生命活动而适应环境中异常、不良环境因子，从而引起机体非特异性、生理性紧张反应，导致机体免疫力低下，极易继发多种疾病。因此，通过定期和不定期地检测稻田养殖水质温度、氨氮、硫化物、硝酸盐氮、pH 值等参数，了解水体动态变化，及时进行调节，尽量维持水体的稳定，减少应激反应，满足稻花鱼生长发育要求。

3. 适时适量地使用水质改良剂

首先，稻田养殖土质应符合 GB/T 18407.4—2001《农产品安全质量　无公害水产品产地环境要求》，周围空气质量符合 GB3095—2012《环境空气质量标准》，养殖水源水符合 GB11607—1989《渔业水质标准》，养殖用水符合 NY5051—2001《无公害食品　淡水养殖用水水质》。其次，在稻田养殖过程中，由于稻田水体量少，又适量投喂饵料，水质极易变坏，因此及时排污换水、定期消毒和施加微生态制剂，改善和优化养殖水体环境，保持水质清新，有利于鱼的正常生长和发育。常用的水质改良剂有生石灰、过氧化钙、光合细菌、枯草芽孢杆菌、EM 菌等。

（二）控制和消灭病原体

1. 使用无病原、无污染的水源水

水是水生动物养殖过程中病原体传入和蔓延的主要途径。因此在进行稻田养殖过程中，应对稻田水源水进行周密考察，必须符合养殖水源水水质指标要求。如果条件允许，养殖用水尽可能地进行净化或消毒处理后再灌入稻田中，严防病原随水源带入。

水源水水质的优劣，直接影响稻花鱼疫病发生率。因此，稻田养殖用的水源水也必须远离工业、农业、医院和生活排污口，水量必须充足，水质必须清新，无污染，各种理化指标适宜稻花鱼养殖。

2. 彻底消毒处理

稻田淤泥也是各种病原体潜藏和滋生的地方，消毒不彻底，直接影响到稻花鱼的生长和健康，影响疾病的发生。同时，稻田养殖过程中，稻花鱼下田前的消毒、养殖生产工具和饲料的消毒处理不完全均有可能导致疾病的发生。因此，彻底消毒是预防稻花鱼疾病发生和减少流行病暴发的重要环节。

稻田消毒：田块整理结束后，于稻花鱼放养前 15 天每亩施用 80～100 千克生石灰兑水化浆后泼洒到鱼沟、田块中，以消灭病原、敌害生物。第二天用铁耙等工具将鱼沟、鱼溜及田块中的底泥与残留石灰浆混匀，5～7 天后加注水。

养殖生产工具消毒：每一块稻田配备专用工具一套，用漂白粉、二氧化氯等药剂溶液进行浸泡消毒或经常放置强太阳光下曝晒消毒，一般一个月1～2次，以减少病原体交叉传播。

饲料消毒：鲜活动植物饲料要求不腐烂、无污染和药物残留，配合饲料不霉变，质量符合GB13078—2017和NY5072—2002的规定要求。投喂的新鲜动、植物饵料先浸泡消毒，再清水冲洗干净后投喂。

稻花鱼消毒：购买苗种时，购买非疫区、检验检疫合格的苗种，购进后单独饲养2～3周，确定无病后方可入田。苗种在下池前，用聚维酮碘、高锰酸钾、食盐等溶液进行消毒，切断病原体的传播途径。放养的稻花鱼也可自繁自养，建立相对稳定的生产体系，减少通过苗种带入病原体的机会。

3. 强化稻花鱼的养殖管理

养殖技术工作者必须熟悉了解稻花鱼主要流行性疾病的病理特征、流行季节、病原体生物学特性，定期常规检查稻田稻花鱼，确定是否生病，以便及时采取措施，杜绝病原体的传播和流行，降低稻花鱼患病率。

4. 建立隔离制度

稻花鱼一旦发病，不论是哪种疾病，都要做好隔离措施，以防疾病的传播、蔓延而殃及其他鱼。

（三）提升鱼体免疫力

1. 培育和放养健壮苗种

稻田放养的稻花鱼苗种可以自繁自养，也可购买良种场的稻花鱼苗种，选择体色正常，健壮活泼的个体。必要时还可用显微镜检查，确保苗种不带有危害严重的病原。

2. 选育抗病力强的苗种

选择健康或有抗体的亲本进行繁育的苗种进行养殖。

3. 降低应激反应

应激过于强烈，稻花鱼会因为消耗过大，机体抵抗力下降。因此，养殖过程中应创造条件减少应激。

4. 加强日常管理操作，饲料优质、适量。

【实例介绍】

稻田瓯江彩鲤烂鳃病诊治实例

瓯江彩鲤（*Cyprinus carpio* var. color），俗称"红田鱼"，属鲤形目

鲤科鲤亚科。原产于浙江省西南部的瓯江等水系，该品种生长快、食性杂、性情温和、肉质洁白细嫩、味道鲜美、无泥腥味，且色彩丰富，是一个既能食用又能观赏的优良品种。目前，瓯江彩鲤在长江中下游的稻田养鱼模式中养殖较多，2017 年 10 月在成都某稻田养鱼养殖场的瓯江彩鲤暂养池出现大面积死亡现象，患病瓯江彩鲤出现典型"红鳃"症状。

一、发病情况

1. 养殖状况

养殖的瓯江彩鲤位于成都市金堂县某稻田中，稻田综合种养面积为 10 亩，主养品种为瓯江彩鲤，同时搭配少量草鱼。养殖时放养规格为 100 克/尾左右的瓯江彩鲤，放养密度为 300 尾/亩。在秧苗返青后投放鱼种，辅以投喂鲤鱼全价配合饲料。

2. 捕捞情况

经询问养殖户得知，其于 9 月底、10 月初收割水稻后开始捕捞瓯江彩鲤，并打算转入池塘中暂养一段时间再销售。养殖户于当天早上 6 点开始排水，同时使用抽水机抽水，待水快排干时开始捕捞。由于缺乏经验，养殖户通过手抄网进行捕捞，捕捞过程耗时较长。

3. 发病症状

在捕捞后将瓯江彩鲤转入暂养池中的第 3 天开始陆续出现死亡，死亡数量逐日递增。发病鱼离群游动、漂浮在水面、游动迟缓且不惧惊吓。发病鱼体表有大量泥沙附着，漂浮一段时间沉底死亡，死鱼泡发后浮出水面。每天死亡量 30～80 尾，不同暂养池均出现相同症状。

二、病鱼诊断

1. 鱼体解剖观察

捞出未死亡的发病鱼观察：体表有大量泥沙附着，眼观体表各部位无明显出血点或出血斑；肛门无红肿外突；眼球正常，无充血。翻开病鱼鳃盖可见鳃丝附着大量泥沙和污物，拂去污物后可见鳃呈"西瓜红"，严重者呈暗红色或褐色，鳃盖内壁有明显的出血点。解剖观察，发现病鱼各脏器没有明显眼观病变，肠道内无食物或少量食物。抽取患病鱼血制作血液涂片、无菌涂抹体表黏液及制作鳃丝压片于显微镜下观察，血液、体表黏液及鳃丝均未发现寄生虫。显微镜下鳃丝肿胀，部分鳃丝已脱落。

2. 细菌和病毒检测

取患病鱼肾脏、肝脏、脾脏组织样品，无菌接种划线于营养琼脂平板，于 28 ℃恒温培养箱中培养 24 小时，结果无细菌生长。同时取患病鱼肾脏和脾脏组织研磨后获得组织匀浆，经反复冻融、离心、过滤后转染鲤鱼上皮瘤细胞，经 25 ℃恒温培养后于显微镜下观察，细胞未出现明显病变和脱落。

3. 饲料原料和养殖水质监测

对饲喂的饲料进行检测，未发现霉变和变质情况，未超过有效使用期，贮存位置通风良好。使用水质快速检测试剂盒对养殖水体进行检测，结果显示水体的溶氧、氨氮、亚硝酸盐、pH 均在正常范围内。

三、病情分析

生产上造成的养殖鱼类"烂鳃病"多由细菌感染引起，该病流行范围广，病原种类繁多。细菌性烂鳃病通常易在水温较高的季节流行暴发，在水温较低的季节少见。此外，在病毒性疾病中可见烂鳃症状出现，但烂鳃多为典型症状之一，通常伴随有其他实质性器官的病变，且据报道鲤科鱼类病毒性疾病发病时的水温也相对较高。在发现该例瓯江彩鲤"烂鳃病"时为秋季，水温较低，患病鱼出现典型的烂鳃症状，但无其他实质性器官病变。通过对患病鱼进行检测，排除了病原及环境因素导致瓯江彩鲤大量死亡的可能性。同时，在发病期间，成都地区的气温较低，测量水温仅为 18 ℃，与鲤科鱼类各种疾病的流行病学特征不相符。因此，导致瓯江彩鲤大量死亡的原因与养殖户的捕捞有很大的关系。养殖户使用捕捞效率很低的手抄网，一方面导致瓯江彩鲤长时间"呛"在泥水中，使得鱼鳃无法正常呼吸；另一方面捕捞的时间过长，导致鱼长时间缺氧，处于"过应激"状态。通过这种方式的捕捞，已对鱼体造成了不可逆的伤害，在转塘后就开始出现陆续死亡。

四、治疗

1. 治疗方案

对患病鱼进行检测，排除病原及环境因素导致瓯江彩鲤大量死亡后，确定了该例瓯江彩鲤"烂鳃病"的病因是由捕捞方法不当造成病鱼鳃损伤，从而使得瓯江彩鲤大规模死亡。在弄清致病原因后制定治疗方案，在治疗前 12 小时停止投喂。使用市售商品聚维酮碘稀释后全池泼洒，用量为 7.5 毫克/米^3（以有效碘计），隔日泼洒一次，连用 3 次，泼洒后开动增氧机防止药物应激导致缺氧。同时，使用市售解毒应激灵拌料投喂，方法为用水稀释后拌料添加，添加量为饲料重量的 0.4%，早、晚各用 1 次，连用 7 天。由于瓯江彩鲤喜好搅动底泥，在用药 1 周后使用底改颗粒净进行底质改良，用量为每亩 1 米水深使用 100 克，化水后全池泼洒，隔日泼洒 1 次，连用 2 次。

2. 治疗效果

在治疗前 2 天，每日死亡数量与用药前无差别，多数为死亡沉底后上浮的病鱼。治疗后的第 3 天开始死亡数量逐渐减少，从开始的 40 尾/天以上，逐步减少为每天十多尾，后期仅见少量几尾死亡。治疗 7 天后病情得到控制，无死亡情况出现，捕捞部分瓯江彩鲤观察，鱼游动活泼，鳃盖张合呼吸有力，翻开鳃盖观察发现鳃丝无污物附着，且色泽滋润。

（引自《科学养鱼》，2018，刘家星等）

第三节　科学用药及无害化处理

一、科学选药

稻田养鱼应遵循"安全、有效、均一、稳定、方便、经济"的原则来进行科学、合理地选择渔药种类，以便获得良好的用药效果。

（一）严禁选用禁用药品

严禁使用高毒、高残留或具有三致毒性（致畸、致癌、致突变）的渔药。严禁使用对水域环境有严重破坏而又难以修复的渔药，严禁直接向养殖水域泼洒抗生素，不能选用中华人民共和国农业农村部公告第 250 号《食品动物中禁止使用的药品及其他化合物清单》的药品。在生产过程中，养殖人员可以参考农业农村部发布的《水产养殖用药明白纸 2020 年 1 号》，合理合规使用药物，注意停药期，严格控制残留量，保证水产品质量。

（二）诊断正确，对症下药

诊断准确是治疗有效的基本前提，只有做到诊断正确，选药科学，用药合理，才能取得较好疗效。如果诊断错误，导致疾病发展与蔓延，还有可能对环境和养殖动物造成有机物污染，加速死亡，经济损失加剧。病害确诊后，可参考农业农村部发布的《水产养殖用药明白纸 2020 年 2

号》，选择有生产许可证、批准文号和生产执行标准的正规渔药，严格按照药品使用说明书使用。

（三）药物的有效性

选择药物，尽量选择高效、速效和长效药物，尽可能快地恢复健康，降低死亡率，减少经济损失，用药后有效率达到70%以上。不能长期或连续多次地使用同一药物，导致病原体的耐药性逐步增强，抑制或杀灭病原体的药效越来越差。

（四）药物的安全性

选择药物时，既要看药物的防治效果，也要注意药物的安全性，主要包括药物的毒副作用，药物在养殖动物体内的残留、药物对使用动物的致畸、致癌和致突变，药物对四周环境和人类的危害性等。疗效好，毒副作用大，安全性低的药物慎用。药效浓度范围内能杀灭或抑制病原体，但是对养殖动物机体造成影响，或在其体内富集，导致产品质量下降，对人体健康造成伤害的药物也应慎用。

（五）药物的廉价性

在选择防治药物时，在保证药物的有效性和安全性的同时，还应当注意选择廉价而容易获得的药物，从而降低生产成本。

二、科学给药

（一）用药时间

养殖户使用药物时，密切关注天气，避免暴雨天气、闷热天气、低气压天气等不良天气时用药，选择晴天施药，并根据水质肥瘦、水温等调整施药浓度。

稻田养鱼的疾病治疗，常见方法是沟凼施药法。具体做法是将鱼引入沟或凼中，将通道堵住，并直接向沟、凼中泼洒药物用于治疗鱼病。当然，利用药物遍洒方法也能够达到治疗鱼病的目的，比如说，每立方米水体采用配比为5∶2的硫酸铜与硫酸亚铁混合剂泼洒0.7克，能够有效治疗各种因寄生虫而导致的疾病，如车轮虫病以及隐鞭虫病等。对于水鸟、水蛇、老鼠以及其他敌害生物的危害，可通过围栏或驱逐的方法进行防治并消灭。

（二）用药顺序

按照"先改水、再杀虫、后杀菌、然后口服、最后调水"的联合用药的顺序来防治疾病，达到安全、合理、有效地用药的目的。

"先改水"是指当稻田水体水质不良，或药效不佳时，先改善水质或消除水体药物残毒，以达到增加外用杀虫杀菌效果的目的。

"再杀虫"是指被确诊有寄生虫感染时，根据不同寄生虫种类选择适宜杀虫药物进行防治。

"后杀菌"是指同时被确诊有病毒、细菌及真菌病原体感染，在使用完杀虫药后1～2天，选用合适的杀菌药物进行杀菌。

"然后口服"主要用于防治体内致病菌。

"最后调水"是指通过化学类、微生态水质改良制剂或肥料进行水质调节，保持稻田水体的"肥、活、嫩、爽"的良好生态环境。

（三）配伍禁忌

各种药物单独使用可起到各自的药理效应，但当两种以上的药物混合使用时，由于药物的相互作用，可能出现药效增强或毒副作用减轻，也可能出现药效减弱或毒副作用增强，甚至变质失效。因此在使用药物之前，必须详细了解药物特性，并在技术人员的正确指导下使用药物，避免配伍禁忌。

生石灰：不能与漂白粉、钙、铁、重金属、盐类、有机化合物等混用。

漂白粉：不能与酸类、福尔马林、生石灰等混用。

苯扎溴铵不能与碘、碘化钾、过氧化钠等氧化剂、肥皂、洗衣粉等混用。

微生态制剂：与消毒药物、抗生素或有抗菌作用的中草药共用失效或功能减弱。

（四）渔药休药期

仔细阅读药物说明书，严格按照 NY/T 393—2020《绿色食品　农药使用准则》和 NY/T 755—2022《绿色食品　渔药使用准则》，执行休药期制度，保证药物在鱼体内无残留，水产品质量符合 GB/T 18406.4—2001《农产品安全质量　无公害水产品安全要求》，可以安全上市，消费者可以放心购买。

休药期：是指最后停止给药到水产品作为食品上市出售的最短时间段。休药期间，渔药在动物体内吸收、转化，最后消除，达到安全上市标准要求。

（五）用药记录

养殖户填写好"水产养殖用药记录"，记载病害发生情况，主要症状，用药处方，药物名称、来源、用量等内容。"水产养殖用药记录"保存至该批稻花鱼全部销售后 2 年以上。

三、无害化处理

进行疾病诊断后的患病水生动物须进行无害化处理。根据我国有关法律规定，当发生传染性疾病，对发病地区或场所及其染有病原体的动物及动物产品须进行无害化处理，即采用物理、化学或其他方法杀灭有害生物的方式。患病水生动物常用的处理方法有以下几种：

（一）化制

将患病水生动物放置在特定的场所进行处理，不但消灭病原体，而且还可保留有利用价值的物品，如骨粉、鱼粉、贝壳粉等。

（二）掩埋

操作简单易行，使用率较高。选择干燥、平坦，距离水井、牧场、养殖池及河流较偏远的地区，挖深 2 米以上的长方形坑，将患病水生动物与生石灰 4∶1 混埋。具体操作步骤如下。

1. 水生动物尸体的处理程序

用捞网等工具捞取死亡个体→放入桶内→撒入消毒剂→送到离养殖池 50 米处空地→挖一个深 2 米以上的坑→撒入大量消毒剂→将动物尸体倒入坑中→再撒入消毒剂→压盖泥土，填平，掩埋完毕→清洗工具→工具晾晒消毒或药物消毒、干燥。

2. 临死动物处理程序

用捞网等工具捞取个体→进行目检→放入桶内→实验室诊断→有保留价值病料固定保存→备用。无须进行病理保存的个体，在实验室诊断后其处理方式同动物尸体的处理程序。

（三）腐败

将死鱼放入专用坑内，让其腐败以达到消毒的目的，同时也可作为肥料利用。坑有严密的盖子，坑内有通气管。

（四）焚烧

焚燃的方法消毒最彻底，但耗费大，不常用，仅适用于特别危险的传染性疾病动物的处理。

第六章　常见稻鱼养殖模式介绍

稻田养鱼类型多样，按稻鱼工程样式可分为：沟溜式、沟池式、垄稻沟式和流水沟式等；按地形特点可分为山区型稻鱼模式和平原型稻鱼模式等。

第一节　不同稻鱼工程样式的养殖模式

一、沟溜式

1. 鱼沟、鱼溜的作用

（1）稻田依稻作需要进行施肥、施用农药和排水晒田操作时，鱼沟、鱼溜可为稻田养殖鱼类提供集中暂养空间和避难场所。

（2）稻田水浅、水体环境稳定性差，鱼沟、鱼溜中水较深，水温较恒定，在稻田水温急剧变化时，养殖鱼类可游进鱼沟、鱼溜中防寒避暑。

（3）排水捕鱼时，散布在田中的鱼类能逐步汇集于鱼沟、鱼溜中，有利于鱼的集中起捕和降低捕鱼劳动强度，减轻鱼体受损程度。

2. 沟、溜规格和形式要求

见第四章第二节。

3. 放养品种与规格

沟溜式稻鱼种养模式，以食性杂、生长速度快的鲤、鲫鱼类为主，放养规格以中、小规格鱼种为主，放养密度控制在每亩 400～600 尾。

二、沟池式

沟池式稻鱼养殖模式是采取适当减少水稻种植面积，扩大和挖深鱼溜以形成小型田中池塘的形式，但沟池面积不超过稻田总面积的 10%，该模式充分利用稻田生态条件和池塘精养高产的特点，增加了稻田储水量和鱼类活动场所，将池塘养鱼技术运用到稻鱼综合种养中，也有利于稻田抗旱，鱼产量比传统稻田养鱼提高 3 倍左右。

1. 开挖鱼池鱼沟

在稻田的一边或中间开挖鱼池，面积占稻田面积的 5%～8%，池深 1.5 米左右，池周筑埂与稻田相对分开。秧苗返青时开挖鱼沟，沟宽 30～40 厘米，沟深 30～50 厘米。鱼种放养后挖开池埂，使鱼池与鱼沟相通，让鱼自由出入于沟、池和稻田之中。

2. 放养品种与规格

沟池式稻鱼综合种养，可采取多品种、大规格、早放精养的养殖模式，养殖的鱼类品种可以鲤或鲫、草鱼为主，搭配鲢、鳙、罗非鱼，或以草鱼、罗非鱼为主，搭配鲤、鲫、鲢、鳙等，主养鱼类约占总体的 70%。

3. 田间管理

视鱼的摄食情况和稻田中天然饵料多少，适当投喂人工饲料；由于放养的鱼类规格较大或放养时间较早，可通过封堵池埂缺口或用篱笆将鱼拦在小池内，并适当投喂，至田中水稻分蘖、粗壮或杂草长出后再抽开篱笆或挖开池埂，放鱼进入稻田。水稻施肥、用药时需先将田间水位缓慢降低，将鱼赶进鱼池中进行躲避，并用田泥将池埂的缺口封实。

三、垄稻沟式

垄稻沟式是结合水稻半旱式栽培技术，在田间开沟起垄，在垄上种植水稻，沟内保持一定水位养鱼的一种稻鱼综合种养方式，也称为半旱式或厢沟式稻鱼综合种养模式。这种模式适用于长期淹水的冬水田、冷浸田、烂泥田等排水不良的水田。

1. 起垄开沟

垄面宽度既要有利于通风透光，又要考虑晚稻采用免耕插秧的特点，一般窄垄面宽为 30～40 厘米，宽垄面宽为 70～80 厘米，每厢垄面插秧 2～8 行较为适宜，垄沟一般宽 40～50 厘米，深 30～50 厘米，烂泥田因垄窄难以成形、垄体易垮塌、垄上水稻易倒伏，因此适宜采取宽垄。

垄稻沟式稻田仍需开挖鱼沟、鱼溜，并与垄沟相互连通形成网状结构。鱼沟一般宽 50～80 厘米，依田块大小开挖成"十"字形、"井"字形或"目"字形；鱼溜一个或多个，面积依放养鱼类规格确定，放大规格鱼种时，鱼溜占田块总面积的 5%～8%，鱼溜深度 0.7～1.0 米。

2. 鱼种放养

以养成鱼为主，每亩放养隔年大规格鱼种，如鲤、草鱼各 200～300 尾，搭配罗非鱼、鲫 5%～10%。

四、流水沟式

流水沟式适用于水源充足、灌排方便、面积 5 亩以上的稻田，在田边挖一条占稻田面积 4%～8% 的长流水宽沟，利用长流水的优势进行混养、密养、轮捕轮放，周年在沟内养鱼。

（一）稻田工程建设

1. 稻田选择

选择水源充足、水质清新无污染、排灌方便、旱涝无患、常年流水，日交换量达 80～100 立方米的大块稻田。

2. 开挖流水沟和鱼沟

沿稻田灌溉渠一侧的田边开设一条流水沟，沟宽 1～1.2 米，占稻田面积 4%～8%，沟尾距田埂 1 米，沟壁打入竹、木桩加固或用条石、水泥板垒砌，沟与田面之间筑一道高 15～30 厘米的田埂；进水口开在流水沟上端，宽 15 厘米，口底需高出田面，出水口开在流水沟尾端，宽约 30 厘米，进、出水口都需安装拦鱼栅；根据田块大小在田面上开挖"口"字形、"田"字形鱼沟，鱼沟宽深各为 25～40 厘米，并与流水沟相通，使鱼自由出入流水沟和稻田之间。

（二）鱼种放养

鱼种放养量可根据流水沟占稻田面积大小、水体总量及交换量大小而定。如流水沟占稻田面积的 5%，水深 1 米，总水体 35 立方米时，可放养 20 厘米的草鱼种 80～120 尾，3 厘米的草鱼夏花 400～600 尾，10 厘米的鲤 80 尾，鲤夏花 400 尾，6 厘米的鲫 80～100 尾，18 厘米的鲢 40 尾、鳙 15 尾。放鱼应选在冬末春初，同一规格的鱼种要一次放齐。鱼种放养后需用拦鱼栅将鱼隔在流水沟内，等秧苗返青后拆除流水沟与田面之间的拦鱼栅，使鱼自由进出沟田之间。

第二节　不同地形的稻鱼养殖模式

按地形特点可分为山区型稻鱼模式和平原型稻鱼模式等。

一、山区型稻鱼模式

在浙、闽、赣、黔、湘、鄂、蜀等省的山区稻田养鱼较为普遍，且历史悠久。山区稻田一般田块面积不大，且大小、规则不一，分布零散、错落，灌排不便且易发急涝。因此山区稻田养鱼应注意以下事项：

1. 加高、加宽、加固田埂

加高、加宽、加固田埂一方面可增加稻田水深，保持较高水位（除需晒田排水以外）利于鱼体的正常生长，同时蓄水保水，增强稻田抗旱能力；另一方面利于抵抗洪涝灾害，防止稻田满水漫埂和冲垮田埂，避免逃鱼发生。丘陵、山区的稻田田埂一般需高出田面 40～50 厘米，顶部宽度一般为 35～50 厘米。

2. 进、排水口开设

山区养鱼稻田进、排水口应开设在田块长边的对角线两端，保障田水交换通畅。进、排水口的数量和尺寸应满足田块正常用水和能在短时间内排出暴雨、山洪等原因造成的大量积水的需要。一般稻田面积 2 亩以内的山田开设排水口 1 个，面积 1 亩以内的排水口宽 0.5～0.8 米，面积 1～2 亩的排水口宽 1～1.2 米，面积超过 2 亩的稻田开设排水口 2 个，宽 1.2 米以上。排水口底部要略低于最低处的稻田泥面，保证需要时能将田水全部排完，排水口也需设置调控水位的挡水设施，随着稻作生产和养鱼过程中对田水深度的变化要求调整排水口的高低。一般进水口宽度为 0.4～0.8 米，底部高于稻田泥面。进、排水口的底部和两侧边应铺设石板、水泥板或砖块，垒砌牢固，避免流水长期冲刷垮塌。

3. 沟溜配置

鱼沟是鱼类活动的通道，鱼溜是鱼类栖息和避难的场所，沟溜相互连通。许多山区稻田田块并不规整，可依据田块的形状挖成"一""十""十十""井"等字形的沟，沟宽 60～80 厘米，深 50～60 厘米，离田埂 1.5 米处开挖。面积小的带状梯田，可沟溜合一，纵向开挖一条鱼沟，并适当加大沟宽沟深，使其兼具沟、溜两种功能；一些水源条件较差或田埂高度不足的梯田，可充分加大加深鱼溜。

4. 预设溢洪沟

我国有大量地处丘陵、山区集雨面积较大的稻田，一般成排连片，易于蓄水，但雨季时容易遭受暴雨、山洪冲刷，易造成漫田逃鱼，严重时可能出现田埂垮塌。因此开展稻鱼综合种养的此类稻田，应按最大洪水量修建溢洪沟，溢洪沟应修建于稻田一侧，沟深、沟宽应依所需排洪量及所采用的建设方式而定，一般沟宽1～1.2米，深1.2～1.5米。水量大的溢洪沟可适当加宽加深，采用土沟修建的溢洪沟也需适当加宽加深，采用石板、条石、水泥板等硬质材料修建的沟深沟宽可适度减小。为确保溢洪效果，溢洪沟底部应低于稻田泥面20～30厘米，溢洪沟堤应略高出稻田田埂。某些地方直接将溢洪沟作为稻田排水沟渠使用。

二、平原型稻鱼模式

(一) 稻田设计

1. 平作式

平作式即传统的稻作模式，水稻移栽前平整稻作区域田块，做好除草工作，均匀翻耕土壤，保证田平、泥软，施入底肥，移栽后待秧苗返青，适时放入鱼苗。

2. 垄作式

垄作式即利用机械将稻田改造成宽60厘米（含沟宽）左右的垄，垄坡上种植水稻（行距约为17厘米，株距约为10厘米；水稻种植行的方向与垄的延伸方向一致）。由于垄作可使各行的水稻植株生长在不同的平面范围内，植株间通风透光，所以能密植栽培。垄作稻是利用旱作的方式起垄、灌水、浸润、钵苗摆栽。起垄采用专用的起垄机起垄，一次成型，减轻劳动强度，能大面积推广多熟制稻鱼综合种养新技术，且与常规稻田养鱼相比，垄作不需要在稻田间挖鱼沟，直接利用垄沟相连。起垄后即可放水泡田，水位不宜过高，没过垄台即可，一般泡水6小时后即可进行水稻插秧。

(二) 稻田改造

1. 平作田

平作田田埂加高加固，一般要高达40厘米以上，夯实、不塌、不漏。某些鱼类有跳跃习性，有时会跳越过田埂，另外一些鸟类也会在田埂上将稻田中的鱼啄走，同时稻田里常有黄鳝、田鼠、水蛇等打洞穿埂，因此田埂需夯实打牢，必要时采用条石或三合土护坡。平原地区的田埂应高出稻田50～70厘米，形成"禾时种稻，鱼时成塘"的田塘优势，在加宽的田埂上可以种植豆类、瓜菜等作物。

2. 垄作田

(1) 垄向。作垄方向主要依水流方向、风向确定。正冲田和低台田垄向应顺水流方向，以利排洪和灌溉；挡风口田垄向垂直于风向，以防倒伏；坳田、高田要沿田四周作2～3条垄，防止漏水。

（2）作垄时间。冬水田作垄种水稻，第一次宜在插秧前10～30天进行，到插秧前2～3天再整理一次。双季稻田作垄在前季收后随即进行。

（3）作垄规格。根据水田的种植轮、间、套方式，种植、养殖配套方式以及田块肥力水平确定。双季稻或稻/油菜，作垄规格是垄宽（一埂一沟）60厘米，垄高30～50厘米。

（三）田间工程

1. 开挖鱼凼、鱼沟、鱼道涵洞

为满足稻田浅灌、晒田、施药治虫、施化肥等生产需要，或遇干旱缺水时使鱼有比较安全的躲避场所，需要开挖鱼凼和鱼沟。鱼凼面积占稻田面积的8%左右，由田面向下挖深1.5～2.5米，在鱼凼四周筑高于田面的凼埂，高30厘米，鱼凼面积50～100平方米，视稻田面积而定，一般每亩稻田拥有鱼凼面积50平方米，位置以田中为宜，鱼凼四周开口与鱼沟相通，并设闸门可随时切断通道。鱼沟、鱼凼的总面积不超过稻田面积的10%。

平原稻田常采用规模化和机械化作业，在平原区稻田开展稻鱼综合种养模式时，既要保证稻作的机械化方便，又要保证环沟水流通畅，不影响鱼类正常活动，因此需修建鱼道涵洞，根据环沟大小选择合适的水泥涵管，安放时涵管底部应比环沟底部高出30厘米左右，避免淤泥堵塞涵管，再用田土回填夯实机械下田通道，保证机械能顺利上下田作业。

2. 安装拦鱼栅

平原型稻鱼养殖也需开设进、排水口，位置应设在相对应的两角田埂上，以保障水流畅通。进、排水口应当筑坚实、牢固，安装好拦鱼栅，防止鱼逃走和野杂鱼等敌害进入养鱼稻田。拦鱼栅一般可用竹子或铁丝编成网状栅栏，网眼以逃不出鱼为准，拦鱼栅要比进、排水口宽30厘米左右，上端要高出田埂10～20厘米，下端应插入田埂底部硬泥土中30厘米左右。

3. 越冬与越夏设施

（1）遮阴棚。稻田水位浅，尽管开挖了鱼沟，但在夏秋烈日下，水温最高可达39～40℃，导致鱼类生长减慢，因此在夏秋季需在鱼沟上方搭设遮阴棚或种植瓜果蔬菜等棚架植物，起到防暑降温作用。

（2）越冬准备。在北方平原地区开展稻鱼种养时，因考虑冬季鱼类越冬问题，水稻收割后，田间要及时加足加深水位，并且在结冻前要在田沟和"十"字形或"井"字形沟中放上捆扎好的稻草捆，以备冬季增氧，结冰水面还需破冰打洞，以防严重缺氧。

4. 搭建饵料台

搭建饵料台是为了观察鱼类吃食活动情况，避免饵料浪费，在鱼函内搭建 1～2 个饵料台。用直径 5 厘米的 PVC 管做成边长 1.0～1.5 米的正方形或长方形饵料台，固定在定点投喂区。

（四）常见平原型稻鱼种养模式

1. 单季稻鱼综合种养模式

单季稻鱼综合种养模式即一年种植一季水稻，养殖一季鱼，又分为稻鱼共生和稻鱼轮作两种。稻鱼共生模式如我国东北地区的寒地稻田养鲤模式，一般于 5 月中下旬水稻移栽后投放鱼苗，于 9 月上旬排水捕鱼。稻鱼轮作：在我国部分地区还有利用冬闲田进行稻田养鲤、鲫、罗非鱼等模式，如福建永平单季稻生产区，每年的 8 月水稻收割后稻田一直闲置到翌年的 5 月上中旬，因此当地有利用冬闲田养鲤的传统方式，一般于当年 9 月放养鱼苗，翌年 5 月进行捕捞。

2. 稻-油/麦/菜-鱼综合种养模式

稻-油/麦/菜-鱼综合种养模式是指在稻、小麦或蔬菜两熟的水旱轮作田中养鱼，即同年内种植一季水稻轮作一季油菜、小麦或蔬菜的水旱轮作模式。如成都平原于 4 月中上旬播种水稻，8 月底至 9 月上旬收割。在水稻移栽前（约 5 月上旬）就可放养鱼苗。在水稻移栽前的这段时间，鱼暂养在鱼溜或鱼函中，9 月下旬至 10 月上中旬捕捞。油菜播种时间一般在 9 月下旬至 10 月中上旬，但早熟油菜品种播种可延迟至 10 月底，这样可延长稻田所养鱼的生长时间，翌年 4 月下旬至 5 月上中旬收割。小麦播种时间视地域和品种而定，晚熟小麦于 10 月下旬至 11 月中旬播种，翌年 5 月中旬前收获。

3. 双季稻鱼综合种养模式

双季稻鱼综合种养模式是一年内种植两季水稻，养殖一季鱼，双季稻鱼模式多分布于我国华南地区，水稻分为早稻和晚稻。其操作模式是：早稻于 3 月中下旬播种、4 月下旬移栽，待秧苗返青后放入养殖鱼苗进行养殖，7 月左右在早稻收割前，逐步降低田间水位将鱼赶入田中的鱼溜、鱼函中，7 月中旬收割早稻并整田进行晚稻移栽，待晚稻返青分蘖后逐步加深水位，让鱼进入稻田除虫除杂，10 月上旬降水晒田收割水稻，11 月底捕鱼；也可在晚稻收割前将鱼捕捞完。

4. 再生稻稻鱼综合种养模式

单季稻＋再生稻稻鱼综合种养模式即种植中熟的水稻品种，收割后蓄留再生稻，适当延长水稻和鱼的共生期，进一步提高土地利用效率的生态种养模式。如广西三江县"超级稻＋再生稻＋鱼"综合种养模式，水稻在3月下旬播种，4月下旬移栽，7月上旬抽穗扬花，8月中下旬成熟收获；收割后蓄留再生稻，8月中下旬萌芽，9月上中旬抽穗扬花，10月下旬收割；5月上旬投放鱼苗，再生稻收获后收鱼，也可留鱼过冬，第二年春季收获。该模式在浙江青田、四川宜宾等地均有分布。

第七章　稻田生态养鱼典型案例

第一节　湖南高海拔山区稻田生态养鱼典型案例

一、基本信息

郴州高山禾花鱼产于郴州境内五岭、罗霄两大山脉海拔 500 米以上高海拔山区，主要在北湖区、苏仙区、宜章县、资兴市、汝城县、临武县等山区乡镇、村及桂东县全境，2019 年获国家农产品地理标志登记保护，获得中国（中部）农业博览会金奖，是郴州地区传统特产，具有 3 000 多年的养殖历史。郴州高山禾花鱼是生活在梯田中的鲤鱼，因采食落水的禾花，其肉具有禾花淡淡的香甜，又因生活在常年低温的泉水中，生长缓慢，肉质细嫩，骨骼较软，无土腥味，其独特的风味深受消费者青睐。

高山禾花鱼价格是普通鲤鱼的 3 倍以上。2017 年养殖面积 5 万亩，总产量 1 000 余吨，综合产值超过 3.5 亿元。全市有高山梯田 20 多万亩，按照每亩 20 千克计算，年产量可达 4 000 余吨，按照目前最低价 60 元／千克计算，仅每年的禾花鱼养殖产值可达 2.4 亿元，由此产生的稻谷增值约为 1.4 亿元，保守估计，通过加工、餐饮、旅游等带动的相关产业链条的综合产值将达到 50 亿元以上。

郴州高山禾花鱼深受消费者喜爱的另一个原因，是其体内含人体必需氨基酸、不饱和脂肪酸及多种微量元素。肌肉中蛋白质含量≥17.1%，粗脂肪含量≥4.8%，人体必需氨基酸（除色氨酸外）总含量≥6.1%，二十二碳六烯酸（DHA）含量（以脂肪计）≥0.36%。

二、技术要点

1. 做好稻鱼工程

引水工程有直接引高山流水入田和引流水入塘后再入田两种方式。

进、出水口设于田的对角，采用竹片制作成拦鱼栅；取田泥加高加宽田埂，泥干后在埂面种植豆类作物，既产豆增收又对防鱼逃跑有一定作用，还有豆秆入田作肥。对于较小丘块的稻田在其中开挖"一"字或"十"字沟，对于较大丘块的稻田则在其中开挖"十"字沟加鱼坑，并做到沟坑相通，鱼坑深 1 米，面积一般为稻田面积的 5%～7%，鱼坑上再用木条设棚盖草成鱼屋，鱼活动于田、沟、坑之中，夏天可遮阴避暑，冬天可深藏越冬，活动自如，常年生长。

2. 科学投放鱼种

鱼种来源为农户自己在上年采用小池培育预留下来；投放的品种主要有当地传统的鲤鱼品种，如湘西呆鲤等；投放时间在插田后禾苗转青时进行；投放规格为鲤鱼 1～2 指大，投放数量为鲤鱼 100 尾。

3. 合理选择稻种

根据高海拔山区日照持续时间短、昼夜温差大、水田环境阴冷等方面的因素，选择的稻种要求具备如下特点：一是必须选择种植一季的中稻，不能种植双季稻。二是水稻植株必须为高秆且抗倒伏。高秆类的水稻，一方面通风透气采光，利于水稻提高产量；另一方面方便蓄水加深稻田水位，利于鱼类活动摄食生长。三是水稻抗性要好，能适应山区多雾、多湿、低温、阴冷环境，同时病害少，不需使用农药。四是水稻生长周期长，稻谷产量高。经过长期的耕种实践，当地目前主要种植的水稻品种有 3 个：水稻 T 优 300，生长期 130 天，亩产稻谷 550 千克；水稻中优 207，生长期 120～130 天，亩产稻谷 500 千克；水稻珞优 8 号，生长期 140 天，亩产稻谷 600 千克。

4. 加强田间管理

（1）做好管水。在满足水稻生产需要的基础上，尽量保持深水位，利于满足鱼类活动空间；水稻种植上需要晒田时，必须事先将鱼沟鱼坑彻底疏通好，做到晒田不晒鱼，田干沟坑不干，利于鱼类在其中安全生活。

（2）做好防治病害。在鱼种投放时要避免受伤，防止因伤口感染生病；同时，做好预防蛇、鸟、鼠等鱼类天敌对鱼的危害。在防治水稻病害方面，主要有螟虫，但危害程度极轻，可利用昆虫趋光的特性采用灯光诱杀即可，一般无须使用农药。

（3）做好鱼类防逃。一方面，做好防洪工作，避免冲垮田埂和冲坏拦鱼栅造成逃鱼；另一方面，坚持每天巡田，及时查堵田埂漏洞，及时查补拦鱼栅破损，重点做好预防进、出水口处跑鱼。

（4）满足鱼类摄食。目前，该地区仍然沿用其先辈的"人放天养"法，不采用人工投喂，亩产鲜鱼只有15～20千克。满足鱼类摄食从3个方面解决：一方面，按前面所述投放标准，严格控制投放鱼种数量；另一方面，尽可能保持田间常年深水位，利于鱼类全田觅食；其次，采用灯光诱虫增饵，既灭虫又肥鱼，变害为利。

（5）低成本投入。按当地生产水平，亩产鱼15～20千克，每千克70～80元计算，每亩鱼收入在1 000元以上，与当地种植一季水稻的收入相当。同时生态环保投入少，一是没有农药、化肥的投入；二是没有人工除草的投入；三是没有人工耕田的投入；四是没有人工喂鱼的投入。

（6）适时捕鱼上市。捕鱼季节选择在收割中稻时进行，此时正是稻香鱼肥，品质最好，价格也最高，当地谓之"禾花鱼"，当地的禾花鱼田头价为每千克70～80元，是池塘养殖鲤鱼价格的7～8倍。

三、效益分析

郴州市苏仙区菜岭优质稻禾花鱼专业合作社位于苏仙良田镇西南骑田岭的高寒山区，平均海拔850多米。该村的高山禾花鱼放养在稻田，采食落水的禾花长大，鱼肉因禾花香味而得名。2016年，菜岭村被授予"中国禾花鱼米第一村"，成为国家高山禾花鱼地理标志产品指定生产基地，禾花鱼米获得湖南省农博会金奖，菜岭村被评为省级产业扶贫示范村。每年节会该村举行的祈福祭祀、民俗文艺表演、游龙庆丰收、下稻田捉鱼、特色农产品展销等活动，令游客流连忘返。村里成立了菜岭优质稻禾花鱼专业合作社，目前有养殖禾花鱼农户300余户，养殖规模约1 500亩，全村仅禾花鱼一项年收入可达约80万元，产值120万元。

四、案例特点

湖南现有"郴州高山禾花鱼"与"辰溪稻花鱼"两个国家农产品地理标志登记保护产品。湖南省郴州市、怀化市等地的高海拔山区，大多崇山峻岭、森林密布，海拔在800米甚至更高，山谷蜿蜒流水成溪，沿溪上游或源头而建的小村寨通过截流将溪水引入各山里人家，也同时灌溉于分布在山腰间的带状梯田。梯田受地表起伏巨大之影响而普遍狭窄，每丘面积以200～500平方米为多，且成片规模一般只有从几亩到几十亩。"九山半水半分田，半分水面加庄园"正是这类高海拔山区的真实写照。千百年来，当地村民日积月累下来的经验，总结出一套适合于其环境的稻鱼传统范式。并在应用这一范式中，针对高耸入云的大山及其茂密的森林，在多雾、多湿、低温和缺少阳光的环境下，让这些很窄、很小、很少、很冷的稻田，成为粮仓和鱼库，高度体现出其生态智慧和人与自然的和谐。同时由于其传统范式具有投入少，能完全满足村民吃粮与吃鱼的问题之特点，实现生态环境的良好和稻鱼生产的持续健康发展。

山区禾花鱼养殖门槛低，成本低，见效快，市场前景好，目前已经成为带动山区百姓致富的重要产业。近年来通过政府搭台、企业唱戏、科研院所授课技术培训，举办节会，实现产销对接，为农民带来亩均1 500～1 800 元的增收。而在郴州与辰溪等传统产区，除了当地祖祖辈辈都有养殖禾花鱼的传统，还形成了浓厚的禾花鱼文化，各种习俗、典故家喻户晓，如今也已形成内涵丰富的禾花鱼旅游产业，带活乡村旅游经济。

第二节 浙江青田稻田生态养鱼典型案例

一、基本信息

青田稻田生态养鱼属于"稻鱼共作"模式。该模式最早起源于浙江省青田县，当地农民利用溪水灌溉，溪水中的鱼在稻田中自然生长，经过长期驯化，形成了天然的稻鱼共生系统。其特点主要是针对丘陵山区梯田，利用自然地理落差和丰富山泉水，在稻田内放养本地特有的田鱼（瓯江彩鲤），同时家家户户在房前屋后挖坑凿塘，暂养田鱼，适时销售。

青田县方源田鱼养殖专业合作社，建立了2 000 平方米的田鱼育苗基地和40 多亩的稻田养鱼基地，办起稻米育种烘干、田鱼加工点，推出"合作社＋基地＋农户"模式，带动周边80 余户农民增收。

青田县方源田鱼养殖专业合作社负责人金岳品注册"方源田鱼干""稻鱼共生""二都方山生态米"等商标，跑全国各类展会，渐渐打出青田田鱼名气，也吸引了众多海外侨商纷纷加盟。2014 年，因在生产安全、绿色的鱼食、增加村民收入和传承传统农业方面做出的贡献，金岳品作为中国农民的唯一获奖代表，获得了联合国粮农组织颁发的模范农民奖。

二、技术要点

1. 基础设施建设

（1）田块要求水源充足，水质良好，无污染，排灌方便，田块的抗旱防涝，保水保肥能力强，不漏水。

（2）田埂加宽至 30 厘米以上，加高至 50 厘米以上，坚固结实，不漏不垮。

（3）稻田斜对角安排好进、排水口，设置拦鱼栅。

（4）在进水口或投饲点深挖搭棚遮阴，防白鹭。

2. 种苗品种

水稻品种选择抗病能力强、茎秆粗壮、株行中偏上，分蘖能力强的"汕优 63""中浙优 1 号"等优质稻种；鱼品种选择当地传统特色养殖品种"瓯江彩鲤"，以 10～20 尾/千克大规格鱼种为宜。

3. 水稻管理

（1）施肥。采取一次性施足基肥的肥水方法，一般腐熟畜禽肥 600～1 000 千克/亩或有机肥 80～100 千克/亩，后期以田鱼排泄物作为稻谷的肥料，一般不追肥。

（2）移栽密度。稀植 30 厘米×30 厘米，7 000～7 500 丛/亩。

（3）病虫害和杂草防治。采取农业生态综合防治，稻鱼共生田块基本没有草害，病虫害发病情况较轻，集中在抽穗期。

（4）免烤田。利用深水位（田面水位 20 厘米以上）能控制无效分蘖。

4. 养鱼管理

（1）放鱼。4 月底至 5 月中旬，水稻返青后 7～10 天放养大规格鱼种，鱼种放养前用 3%～5%食盐水浸泡消毒 5～8 分钟。

（2）投喂。投喂人工配合饲料或发酵谷物副产品，投喂量为鱼种体重的 1%～2%，坚持"四定"原则。

（3）防害。防白鹭，需加盖防鸟网。

（4）田间管理。定期巡田，查看水质情况是否清新，保证水位与拦鱼设施完好。

5. 收获起捕

降水晒田、机收稻谷；排干水沟抓鱼，捕成鱼贮塘上市，留小鱼续养，或将小鱼放暂养池集中销售，1～3 个月晒田后重新放冬片养殖。

三、效益分析

截至 2022 年 6 月，青田稻田养鱼产业面积已达 8 万亩，标准化稻田养鱼基地 3.5 万亩，年综合产值超过 5 亿元，成为青田东部地区农民主要收入来源。

四、案例特点

青田田鱼的养殖品种主要是瓯江彩鲤，其肉质细嫩，营养丰富，色彩鲜艳，是观赏、鲜食、加工的优良品种，具有较高的食用价值和观赏价值。青田田鱼体短身厚，体色鲜艳，有红、黄、白、粉、黑或其混色，鱼鳞柔软，无土腥味。青田田鱼肌肉紧实，肉质甘甜鲜美，鳞片可食。含锌量≥9 毫克/千克；粗蛋白≥17.0 克/100 克；粗脂肪≤7.0 克/100克；水分≥75 克/100 克；鲜味氨基酸含量≥5.0 克/100 克。

地处浙南山区的青田先民，面对"九山半水半分田"恶劣的山区地理条件，智慧地创造出了"以鱼肥田、以稻养鱼、鱼粮共存"的稻鱼共生系统，迄今已逾 1 300 年。2005 年 6 月，稻鱼共生系统被联合国粮农组织认定为"全球重要农业文化遗产"，这也是中国乃至亚洲首个世界农业文化遗产。2020 年 12 月 25 日，中华人民共和国农业农村部正式批准对"青田田鱼"实施农产品地理标志登记保护。

联合国粮农组织官网称青田稻田生态养鱼是"种植业和养殖业有机结合的一种生产模式，也是一种资源复合利用系统"，"大大减少了对化肥农药的依赖，增加了系统的生物多样性，保证了农田的生态平衡，以稻养鱼，以鱼促稻，生态互利，实现了稻鱼双丰收"。

青田县建立"生态＋、品牌＋、互联网＋"机制，探索把农业文化遗产品牌价值转化为产业经济价值，创造出了"一亩田、百斤鱼、千斤粮、万元钱"的生态产品价值实现机制青田模式，打通了稻鱼共生向农民共富的转化通道。

第三节　云南红河哈尼梯田生态养鱼典型案例

一、基本信息

红河哈尼梯田位于云南南部，遍布于红河哈尼族彝族自治州元阳县、红河县、金平县、绿春县四县，总面积约 6.67 万公顷，仅元阳县境内就有 1.13 万公顷梯田，是红河哈尼梯田的核心区。

哈尼族村落山腰气候温和，冬暖夏凉，宜于建村；村后高山为森林，使山泉溪涧常年有水，人畜用水和梯田灌溉均有保障；村下开垦梯田，既便于引水灌溉，又有利于村里运肥于田间。该系统以水为核心，形成了良好的生态系统，是哈尼梯田文化的核心。2013 年 6 月 22 日，在柬埔寨召开的第 37 届世界遗产大会上，红河哈尼梯田文化景观成功入选世界文化遗产，哈尼梯田成为我国第一个以民族名称命名、以农耕文明为主题的世界遗产。

二、技术要点

1. 稻田准备

（1）加固田埂。将田埂加高 0.5 米以上，埂顶宽 0.4～0.5 米，水层保持 0.2 米以上，做到田埂不渗漏、不坍塌；开挖鱼沟，在栽插时依据稻田的形状挖成"一""十"等字形的沟，离田埂 1.5 米处开挖，沟宽 0.6～0.8 米，深 0.5～0.6 米。

（2）开挖鱼溜（凼）。溜（凼）大小视梯田的面积大小确定，面积一般为 5～20 平方米，深度为 1.2～1.5 米，鱼溜可在梯田的一端、内埂或田中间开挖，形状可挖成长方形、圆形或三角形，溜埂高出梯田平面 20～30 厘米，并使沟、溜相通，沟、溜面积占梯田面积的 6%～10%。

（3）开设进、排水口。在梯田相对角的田埂上，用砖、石块或泥土筑成，宽度因田块大小而定，一般为 30～60 厘米，并安装好用塑料网、金属网、网片或竹篾编织的拦鱼栅，拦鱼栅呈"⌒"或"∧"形，入泥 20 厘米。

2. 主要种养品种

稻谷品种选择高产、优质、抗病、耐寒、适应性强的中熟品种红阳 2 号、红阳 3 号、红稻 8 号等；鱼类品种为当地鲤、鲫品种，以及近年主要推广的大宗新品种福瑞鲤、芙蓉鲤鲫。

3. 稻谷栽插

不同海拔稻谷栽插时间不同，从低海拔到高海拔，一般栽插时间在 4 月下旬至 5 月上旬，按照秧龄 40～45 天，单行条栽，规格约 26 厘米×15 厘米×15 厘米，栽插 25.5 万丛/公顷。

4. 鱼种投放

投放密度为规格 25～40 克/尾的鱼种 10 千克/亩，鱼种投放时间为秧苗返青后 7～10 天。

5. 日常管理

（1）水位管理。鱼苗投放后，田间水位保持在 10 厘米左右；到水稻生长中后期，水位保持 20 厘米以上。

（2）投饵。可投喂嫩草、菜叶、米糠、麦麸、豆渣、玉米面等，按鱼总体重的 2%～4% 投喂饲料。

（3）施肥。养鱼稻田主张多用农家肥，施用化肥时，化肥不得撒在鱼溜或鱼沟里。

（4）病虫害防治。养鱼稻田防治水稻病虫害，要使用高效、低毒、低残留的农药，严格掌握农药的安全施用量。

（5）防漏和防逃管理。做到经常疏通鱼沟，经常检查进、出水口和拦鱼设备，如有杂物堵塞，应及时清理。发现田埂塌崩、漏水，应及时修补。

6. 捕捞

稻谷收割时或收割后就可以放水捕鱼。捕鱼前疏通鱼沟、鱼溜，缓慢放水，使鱼集中在鱼沟、鱼溜内，在出水口设置网具，将鱼顺沟赶至出水口一端，让鱼落网捕起。达到上市规格 100 克以上的食用鱼上市出售，其他的放回梯田继续饲养或转入其他水体饲养。

三、效益分析

根据杨艳红等（2013）调查显示，红河哈尼梯田实施了梯田养鱼的 94 户农户，其平均稻谷产量为 261.19 千克/亩，平均利润为 783.57 元；鱼产量为 63.12 千克/亩，平均利润为 2 524.80 元/亩；复合肥的使用量约为 49.5 千克/亩，平均费用为 99 元/亩；稻虱净的使用量约为 3.4 包/亩，费用为 17 元/亩，鱼种及饲料费用为 350 元/亩；94 户平均净利润为 2 842.37 元/亩。

四、案例特点

梯田养鱼是哈尼族人民的传统生计之一，也是当地人民因地制宜、资源合理循环利用的体现。历经上千年的演化，哈尼族形成了"森林-村寨-梯田-水系"四度共构的农业生态系统，是哈尼梯田文化的核心。元阳哈尼梯田稻鱼综合种养模式，在梯田种植水稻（梯田红米）的同时养鱼，稻田中的害虫作为鱼饵料，鱼的粪便又作为水稻生长肥料，二者互利共生。其主要效益不仅体现在梯田红米和鲜鱼的产值上，更重要的是通过稻鱼综合种养，实现稳粮增效，传承千年农耕文化，增加梯田景观效果，促进旅游产业发展，保护红河哈尼梯田世界文化遗产。

第四节　德宏稻田"土著鱼"生态种养典型案例

一、基本信息

德宏傣族景颇族自治州地处云南省西部、中缅边境。全州辖三县两市，即芒市、瑞丽市、梁河县、盈江县、陇川县，面积 11 526 公顷、总人口 122 万人。德宏属南亚热带气候，平均海拔 800～1 300 米，年均气温 18.4～20.3 ℃，年降雨量 1 436～1 709 毫米，年日照时间 228～2 453 小时，素有"植物王国"和"物种基因库"之美称。全州水稻种植面积 6.37 万公顷，稻鱼综合种养模式在全州均有分布，面积达 0.89 万公顷，产量 4 650 吨，产值 1.3 亿元。

"挑手鱼"又名本地胡子鲶，产于德宏州，喜在水田中生长，最大个体体长 20 厘米，条重可达 1 千克，头大扁平，嘴大似蛙，上唇两边有两个对称的须，胸鳍两边各有一对硬刺，极其锋利，可将捕捉者的手挑破，故名"挑手鱼"。此鱼肉厚质细，是德宏州开展"土著鱼"稻鱼综合种养模式的主要养殖品种。因当地人民多喜欢食用"挑手鱼"，近年来利用保水性良好的稻田大力推广"挑手鱼"的养殖，取得了较好的效益，并形成了独特的德宏"土著鱼"稻鱼综合种养模式。

二、技术要点

1. 稻田准备

按一般稻鱼共作模式进行稻田田间工程管理建设和养殖管理，但需重点做好防逃工作。

2. 放养品种及规格

稻田主要投放"挑手鱼"（本地胡子鲶）鱼种，适量搭配鲤、鲫。投放密度为规格 10～12 克/尾的鱼种 10 千克/亩（800～1 000 尾/亩）。

3. 鱼种投放

待秧苗返青后即可投放，一般为插秧后 7～10 天。鱼种投放前，用 5％食盐水浸洗消毒 5～15 分钟。

4. 防逃设施

防逃围膜选用聚乙烯双层农膜或聚乙烯网片。具体方法：先在田埂中央开挖一条 10～12 厘米深的小沟，在小沟内每隔 80～100 厘米，插一片细竹片，并用细铁丝将所有竹片顶部连接加以固定，然后用双层农膜或网片套在细竹片上，将开口一端农膜埋入小沟内，用泥土压紧压实，膜高 30～40 厘米，农膜接口处用胶布粘贴好。使用网片具有成本低、通透性好、防大风和不怕田水喷出等优点，进出水口用大竹筒加工而成，并用细尼龙网片包扎好，以防鱼外逃和天敌进入。

5. 日常管理

在水稻生长期间，稻田水深应保持在 5～10 厘米。随水稻长高，鱼体长大，可加深至 15 厘米。做好巡查，重点查看田埂、防逃网片及进、出水口等防逃设施是否完好。若发现问题，及时采取有效措施补救。

三、效益分析

2016 年，德宏州农业综合开发办公室实施德宏州芒市"土著鱼"稻鱼综合种养项目，面积为 300 亩，地点在芒市勐戛镇勐旺村民委员会拱弄场村民小组、轩岗乡芒广村民委员会拉哏村民小组、轩岗乡丙茂村民委员会拉卡村民小组，其中轩岗乡 200 亩，勐戛镇 100 亩。2016 年 9 月 20 日，德宏州农业综合开发办公室对项目区 2 户养殖户进行了实地抽样测产检查，抽查面积 5.5 亩。

轩岗乡芒广村民委员会拉哏村民小组景三团，面积 3.5 亩，经实际测产，鱼产量达 64 千克/亩，产值 1 929 元/亩（按 30 元/千克计算），扣除成本 700 元，纯利 1 229 元/亩。测产面积 3.5 亩共出产鲜鱼 225 千克，产值 6 750 元，纯利 4 300.45 元，投入产出比 1∶2.75。

轩岗乡丙茂村民委员会拉卡村民小组李岩相，面积 12 亩，经实际测产，平均鱼产量达 36.7 千克/亩，产值 1 101 元/亩（按 30 元/千克计算），扣除成本 700 元，纯利 401 元/亩；测产面积 2 亩共出产鲜鱼 73.40 千克，产值 2 202 元，纯利 802 元，投入产出比 1∶1.6。

300 亩稻鱼综合种养项目经测产 5 统计，总产鲜鱼 15 478 千克，平均单产 50.5 千克/亩，单位面积产值 1 515 元/亩，实现产值 46.43 万元（按当地田间平均价格 30 元/千克计算），扣除成本 700 元，单位面积纯利

815 元/亩，商品鱼纯利 24.98 万元，投入产出比 1 : 2.2。稻鱼综合种养后，稻谷每亩平均产量 580 千克/亩，单位增产 10～15 千克/亩，300 亩稻田，增产稻谷约 4 000 千克，增加收入 9 600 元（稻谷按 2.4 元/千克计算）；两项合计为项目区农户新增纯收入 25.94 万元，平均新增纯收入 846 元/亩，经济效益明显。

四、案例特点

德宏"土著鱼"稻鱼综合种养模式属于"稻鱼共作"范畴，是利用稻田养殖土著鱼的一种稻鱼综合种养模式，稻田养殖的"挑手鱼"（本地胡子鲶）肉厚质细，营养丰富，蛋白质含量较高，深受当地傣族民众的喜好。养殖过程中在稻田鱼沟、鱼凼中放置竹筒，用于"挑手鱼"的栖息和逃避敌害。由于是对应特定消费群体专门养殖当地特定的鱼类，针对性较强，市场较为稳定，在适当规模条件下，该稻鱼综合种养模式经济效益突出，也可以作为其他地、市、州发展本地特色稻鱼种养的参考借鉴。

第五节　重庆稻田泥鳅生态种养典型案例

一、基本信息

重庆市位于中国内陆西南部、长江上游地区；辖区面积 8.24 万平方千米，辖 38 个区县；境内地貌以丘陵、山地为主，其中山地占 76%，有"山城"之称；属亚热带季风性湿润气候；长江横贯全境，流程 679 千米，与嘉陵江、乌江等河流交汇。

重庆市稻鱼综合种养是在保障水稻正常生长的前提下，利用稻田湿地资源开展适当的水产养殖，形成季节性的农鱼种养结合模式，是提高稻田生产力、增加农民收入的有效途径。重庆市稻鱼综合种养主产区分布在梁平县、忠县、潼南区、南川区及合川区等地，重庆民众多年来具有喜食泥鳅的习惯，仅重庆主城区每年消费泥鳅就达 5 000 吨，为开展稻鳅共作提供了良好的市场条件。

二、技术要点

1. 稻田选择

选择坡度平缓，水量充足、水质清新无污染，排灌方便、保水性好及肥力丰富的田块；稻田面积在 0.2 公顷以内，土壤呈弱酸性或中性（pH 6.5～7），泥层厚 20 厘米为宜。

2. 田间工程

（1）加高加固田埂，并在稻田中开挖环沟、鱼沟和鱼溜（凼），环沟位于田埂四周，一般宽度和深度为 1.5 米和 1.2 米，作为泥鳅主要栖息场所。

（2）鱼沟位于稻田中央，面积占稻田的 8% 左右，深度和宽度为 35 厘米，呈"一"字形、"十"字形或"井"字形，作为供泥鳅觅食活动场所。

（3）鱼溜设在进、排水口附近或田中央，面积占稻田面积的 3%～5%，深 40～60 厘米，呈长方形或圆形。

（4）建好防逃设施，在鱼沟、鱼溜底部和稻田四周设置防逃板，既能防止泥鳅逃跑，又有利于泥鳅捕捞。防逃板入田 20 厘米以上，出水 40 厘米左右。稻田进、出水口位于田角相对位置，用 60 目筛绢网过滤防逃。

3. 稻种选择

选择具有耐肥，株型中偏上，抗倒伏、分蘖力强、抗病虫害、生长期长和优质高产特点的中稻或晚稻品种。

4. 稻田施肥与苗种投放

稻田栽种前先用生石灰 25～30 千克/亩兑水全田泼洒消毒，鳅苗投放前 7 天，施腐熟的畜禽粪便或其他有机肥 100～200 千克/亩，以培育浮游动物和浮游植物，作为鳅苗的生物饵料；水稻插秧结束后 10 天内，放养规格 3～5 厘米的鳅苗 1 万～1.5 万尾/亩。

5. 水草移植

鳅苗体质弱，应提前在稻田环沟中移植苦草、轮叶黑藻等水生植物，供鳅苗栖息躲藏，移植面积占环沟面积的 10% 左右。

6. 养殖管理

（1）田水管理。水稻分蘖前期，稻田水位控制在 10 厘米左右，以促进水稻生根分蘖；水稻分蘖后水位控制在 10～20 厘米，高温季节每

10～15 天应加注新水一次，保证水质清爽，溶解氧不低于 5 毫克/升。

（2）饲养管理。稻鳅养殖前期以水田中的天然饵料为主，放养 5～7 天后，以米糠、豆饼及动物下脚料等人工饲料为主，日投喂两次，投饲量占泥鳅体重的 3%～5%。

（3）用药管理。开展稻鳅共作的稻田坚持少施或不施药原则，严禁施用剧毒农药。用药前加深水位，水剂农药应喷洒于稻叶和叶茎上，施药以阴天或晴天的 16：00 为宜。施药前做好加水准备，以在泥鳅中毒后能及时加水。施药后勤观察、勤巡田，发现问题及时处理。

三、效益分析

重庆稻鳅共作综合种养模式平均产稻谷 350 千克/亩，增产 10%，产值达 1 400 元/亩；产泥鳅 40 千克/亩，产值 1 440 元/亩；综合种养产值 2 860 元/亩，利润达 1 650 元/亩，比单纯种稻利润高出 1 396 元/亩，实现"千斤稻、千元钱"的目标，达到了稻谷不减产，效益大大提高的目的。

四、案例特点

稻鳅共作综合种养模式是重庆市"农业三绝"之一，属于"稻鱼共作"范畴。该模式利用"水稻护鳅、鳅吃虫饵、鳅粪肥田"的生态食物链，达到稻田生态系统良性循环，基本不使用肥料、农药等化学品，具有增水、增收、增粮、增鱼和节地、节肥、节工、节支"四增四支"的特点，同时紧密契合了当地喜爱泥鳅的庞大市场需求，在农业产业中具有明显的效益优势。

第六节　广西三江山地稻田生态养鱼典型案例

一、基本信息

三江侗族自治县位于广西壮族自治区北部，是湘、桂、黔三省（区）交界地，全县总面积为 2 454 公顷，东连龙胜县，西接融水县、贵州省从江县，北靠湖南省通道县、贵州省黎平县，南邻融安县。三江县处于低纬度地区，属中亚热带、南岭湿润气候区，全年平均气温为 17～19 ℃，四季宜耕，年平均雨量 1 493 毫米。

全县有稻田 0.8 万公顷，其中适宜混养鱼类的保水田约 0.53 万公顷。2010 年，三江县在全县推广稻鱼综合种养项目，经过几年的发展，总结出了"一季稻＋再生稻＋鱼"的综合种养新模式，2020 年全县稻鱼综合种养面积扩大到 0.8 万公顷。

二、技术要点

1. 田间工程

对田埂进行水泥硬化，并在稻田中开挖鱼沟、鱼凼。鱼沟宽 50 厘米，深 30 厘米，面积占稻田面积的 10% 左右；鱼凼呈方形或圆形，深 0.8～1 米。鱼凼上方搭建棚架并加盖遮阳网，周边种植藤蔓瓜果，既可为鱼遮阳降温，还可躲避鸟类等敌害侵扰。

2. 稻种及放养品种选择

水稻选择抗病力强的"野香优 3 号"或"中浙优 1 号"等优良品种。鱼种主要为禾花鲤（金背鲤、乌鲤）、鲫鱼或泥鳅等。

3. 水稻种植和鱼种放养

每年 5 月中下旬完成水稻种植，待秧苗返青、根系较为完善后的 7～10 天投放鱼苗，投放密度为 5～6 厘米的荷花鲤 300～500 尾/亩或 3 厘米的泥鳅鱼种 2 000 尾/亩，可搭配草鱼 20 尾/亩。

4. 养殖管理

（1）管护喂养。鱼苗投放前期主要投喂人工配合饲料，以便培育至大规格鱼种；后期投喂米糠、剩饭菜等，提升鱼类品质，日投喂一次。稻鱼综合种养期间不使用化肥农药，可不定期施用农家肥。

（2）收割补苗。8 月中旬完成一季稻的收割，收割前降低稻田水位，使鱼自然进入鱼沟（凼），按"捕大留小、捕大补小"的原则，及时捕捞商品鱼上市，并补充鱼种。一季稻收割完成后，适时增加稻田水位，剩余稻秆继续在稻田中生长，再生至 10 月中下旬成熟后收割，养殖鱼按一季稻捕捞模式收获商品鱼，鱼种保留在稻田中越冬，作为翌年稻鱼综合种养的鱼种。

三、效益分析

测产结果显示：该模式产值可达 4 800 元/亩，其中，一季稻平均产量 845 千克/亩，比传统"一季稻＋鱼"平均增产 300 千克/亩，产值达 1 526 元/亩；再生稻平均产量 300 千克/亩，平均价格 3.6 元/千克，产值

1 080元/亩；稻田平均产鲜鱼 55 千克/亩，平均价格 40 元/千克，产值 2 200元/亩。扣除成本 445 元/亩，平均纯利润达 4 361 元/亩。稻谷平均产量提高了 35.5%，产值提高了 41%，纯利润提高了 61%，效益显著。

四、案例特点

"一季稻＋再生稻＋鱼"综合种养模式是广西三江地区在总结传统"一季稻＋鱼"的模式基础上创新发展起来的，俗称"广西三江模式"。2021 年，广西桂西北山地稻鱼复合系统成功入列中国重要农业文化遗产。

该模式主要特点是采取"捕大留小、捕大补小"方法，全年分级养殖。水稻种植是在一季稻成熟时，收割稻秆上部约 2/3 谷穗，保留稻秆下部植株和根系，使剩余水稻再次长出稻谷（即"再生稻"）。该模式适合高寒山区，特别是在阳光和热度不足以种植两季稻，而种植一季稻时间富余的山区。该模式减少了水稻的再次栽培，节约了水稻生长时间，稻谷产量不降反增，提高了稻谷复种指数，效益显著。

第七节　贵州从江侗乡"稻-鱼-鸭"生态种养典型案例

一、基本信息

从江县位于贵州省黔东南苗族侗族自治州东南部，北与榕江县为邻，西与黔南州荔波县、广西环江县相连，南抵广西融水县界，东与本州黎平县、广西三江县相接，总面积为 3 244 公顷。从江侗乡"稻-鱼-鸭系统"已有 1 200 多年历史，当地侗族群众曾长期居住在东南沿海，因为战乱辗转迁移到湘、黔、桂边区定居。虽然远离江海，但该民族仍长期保留着"饭稻羹鱼"的生活传统。这最早源于溪水灌溉稻田，随溪水而来的小鱼生长于稻田，秋季一并收获稻谷与鲜鱼，长期传承演化成稻鱼共生系统，后来又在稻田放养鸭，同年收获稻、鱼、鸭。2011 年从江侗乡"稻-鱼-鸭系统"被联合国粮食及农业组织授予"全球重要农业文化遗产"，2013 年成功入选中国第一批重要农业文化遗产。

据《黎平府志》《古州厅志》等地方史志记载，从江县的农耕文化可追溯到明代，距今已有 1 200 多年的历史。当地侗、苗等各族群众在长期从事"稻-鱼-鸭"复合利用的传统农业生产中，形成了多彩的传统习俗和民间艺术，并保护和传承"稻-鱼-鸭"传统农耕文化。

稻-鱼-鸭复合系统是从江县当地群众在稻田里"种植一季稻，放养一批鱼，养殖一群鸭"的农业生产方式。该模式的基本做法是：当地各族群众充分利用稻田水面资源，在每年谷雨过后，侗族等各族群众便陆续往田里栽插秧苗，同时将适度数量的鱼苗放进稻田里，等到秧苗长正发根并开始分蘖、鱼苗长到手指般大小之后，再按照田块的大小放入一定数量的鸭苗，从而形成"稻-鱼-鸭"共生的复合生态农业系统。

近年来，从江县发挥"稻-鱼-鸭系统"品牌效应，大力实施"稻-鱼-鸭"生态产业，促进了"稻-鱼-鸭系统"的传承、保护和发展，促进了农业增效和农民增收。2015年，从江县将"稻-鱼-鸭"生态产业纳入重点发展，生态种养面积达0.33万公顷，渔业增加值和水产品产量以年均10%的速度递增。

二、技术要点

1. 稻田准备

加固田埂，做到田埂不渗漏、不坍塌；在稻田中开挖鱼沟，呈"一"字形或"十"字形，鱼凼可在田中开挖，形状呈圆形。

2. 品种选择

主要种植品种有从江香、香禾糯、早熟糯等；鱼类品种为鲤，套养草鱼或鲫等；鸭苗品种为本地小麻鸭。

3. 稻谷栽插和鱼种投放

每年4—5月完成秧苗栽插，栽插方式为宽窄栽培模式；水稻栽后7天左右秧苗返青，投放鱼种，密度为鲤鱼种200～300尾/亩。

4. 鸭苗放养

待田中放养的鱼苗体长超过5厘米，稚鸭无法捕食时，放养稚鸭；水稻郁闭后，鱼体长超过8厘米时，放养成鸭。鱼、鸭生长期为120～140天；水稻收割前期，开始禁鸭；水稻、鱼收获后，再次放鸭。

三、效益分析

贵州从江县西山镇拱孖村稻-鱼-鸭生态种养示范基地，面积13.33公顷，示范户143户，建立"公司＋合作社＋农户"经营模式，发展农民合作社1家，示范推广稻田生态养鱼，实行订单生产，公司回收商品鱼。基地采取增设稻-鱼-鸭养殖设施，安放黄色黏虫板和物理杀虫灯，引鱼、鸭入田，实现稻、鱼、鸭三丰收，单产优质稻520千克/亩、糯禾350千克/亩、田鱼 60 千克/亩、香鸭 40 千克/亩，单产值 7 000 元/亩以上，户均增收 3 350 元，人均增收 950 元，远超常规耕作经济收入，生态效益与经济效益显著。

四、案例特点

"种植一季稻、放养一批鱼、饲养一批鸭"是从江侗乡世代沿袭的传统生态农业生产方式，凝集了侗乡人的经验与智慧。从江侗乡稻-鱼-鸭生态综合种养模式的主要特点是种植对山地环境具有高度适应性的糯稻品种（具有耐阴、耐寒、耐淹等特点）；鱼种选择鲤，套养鲫、草鱼；鸭种选择小种麻鸭，充分利用了三种物种的特定习性，实现了稻、鱼、鸭的和谐共处，互惠互利。这一复合生态农业系统使当地群众不仅收获了粮食（稻谷），还收获了一批稻田鲤鱼和肥硕的鸭子，同一块田实现了一举三丰收，达到了一田多用的目标，有效缓解了人地矛盾，提高了土地产出率。而且对于宜耕地资源十分短缺的山区县来说，该模式在对水土资源的保护方面更是收效显著，也为现代社会治理水土流失提供了借鉴。

参考文献

[1] 中国水产杂志社. 稻渔综合种养技术汇编［M］. 北京：中国农业出版社，2017.

[2] 焦雯珺，闵庆文. 浙江青田稻鱼共生系统［M］. 北京：中国农业出版社，2014.

[3] 王冬武. 稻渔综合种养技术［M］. 长沙：湖南科学技术出版社，2020.

[4] 农业部渔业渔政管理局. 2017 中国渔业统计年鉴［M］. 北京：中国农业出版社，2017.

[5] 农业农村部渔业渔政管理局，全国水产技术推广总站，中国水产学会. 2018 中国渔业统计年鉴［M］. 北京：中国农业出版社，2018.

[6] 农业农村部渔业渔政管理局，全国水产技术推广总站，中国水产学会. 2019 中国渔业统计年鉴［M］. 北京：中国农业出版社，2019.

[7] 农业农村部渔业渔政管理局，全国水产技术推广总站，中国水产学会. 2020 中国渔业统计年鉴［M］. 北京：中国农业出版社，2020.

[8] 农业农村部渔业渔政管理局，全国水产技术推广总站，中国水产学会. 2021 中国渔业统计年鉴［M］. 北京：中国农业出版社，2021.

[9] 农业农村部渔业渔政管理局，全国水产技术推广总站，中国水产学会. 2022 中国渔业统计年鉴［M］. 北京：中国农业出版社，2022.

[10] 农业部渔业局，全国水产技术推广总站. 渔业主导品种和主推技术［M］. 北京：中国农业出版社，2013.

[11] 田树魁. 稻鱼综合种养技术模式与案例（山区型）［M］. 北京：中国农业出版社，2018.

[12] 杨艳红，郑永华，胡文达. 云南哈尼梯田养鱼模式和梯田模式效益比较研究［J］. 中国水产，2013（04）：57-60.

[13] 张慈军，俞丽，杨建新，等. 贝尔鲫与方正银鲫和彭泽鲫形态学性状比较分析［J］. 河南水产，2021（2）：19-22.

[14] 桂建芳. 异育银鲫新品种："中科 3 号"简介［J］. 科学养鱼，2009（5）：35-35.

［15］刘少军，王静，罗凯坤，等. 淡水养殖新品种：湘云鲫 2 号［J］. 当代水产，2010（1）：62 - 63.

［16］刘家星，杨马，李良玉，等. 成都地区瓯江彩鲤烂鳃病的诊治［J］. 科学养鱼，2018（3）59 - 60.

［17］中国水产学会.“十三五”中国稻渔综合种养产业发展报告［J］. 中国水产，2022（1）：43 - 52.

［18］杨子生. 山地梯田综合利用模式与扶贫开发效应：贵州从江稻鱼鸭复合生态农业系统与扶贫成效分析［C］. 2018 中国土地资源科学创新与发展暨倪绍祥先生学术思想研讨会论文集，2018：54 - 60.